AF545487

NABU-naturgucker.de

Praxisbuch Naturgucken

NATUR

NABU-naturgucker.de

Praxisbuch Naturgucken

Informationen, Tipps und Tricks
für Naturbegeisterte

Haupt Verlag

NABU-naturgucker.de ist die größte Meldeplattform für Beobachtungen von Tieren, Pflanzen und Pilzen im deutschsprachigen Raum und gleichzeitig ein soziales Netzwerk für Naturbegeisterte. Dort können Naturbeobachtungen aus aller Welt gemeldet sowie Fotos und Videos hochgeladen werden.

1. Auflage: 2022

ISBN 978-3-258-08266-0

Umschlaggestaltung, Gestaltung und Satz: Die Werkstatt Medien-Produktion GmbH, D-Göttingen
Umschlagfotos: Vorne: Gaby Schulemann-Maier (Landschaftsbild und Fliegenpilz), Klaus Ewald (Wiedehopf), Reinhard Naumann (Huflattich).
Hinten, von oben nach unten: Helene Germer, Winfried Rusch, Arno Laber, Birgit Emig, Bernhard Konzen, Rolf Jantz, Helene Germer.

Wir verwenden FSC®-Papier. FSC® sichert die Nutzung der Wälder gemäß sozialen, ökonomischen und ökologischen Kriterien.

Gedruckt in Deutschland

Diese Publikation ist in der Deutschen Nationalbibliografie verzeichnet.
Mehr Informationen dazu finden Sie unter http://dnb.dnb.de.

Der Haupt Verlag wird vom Bundesamt für Kultur für die Jahre 2021–2024 unterstützt.

Wir verlegen mit Freude und großem Engagement unsere Bücher. Daher freuen wir uns immer über Anregungen zum Programm und schätzen Hinweise auf Fehler im Buch, sollten uns welche unterlaufen sein. Falls Sie regelmäßig Informationen über die aktuellen Titel im Bereich Natur & Garten erhalten möchten, folgen Sie uns über Social Media oder bleiben Sie via Newsletter auf dem neuesten Stand.

www.haupt.ch

Inhaltsverzeichnis

Vorwort

Manchmal sind es einzelne Menschen, die mit Neugier, Beharrlichkeit und der Liebe zum Detail die Wissenschaft entscheidend voranbringen. Als Beispiele seien vier berühmte Naturforscher genannt, die unsere Weltsicht erheblich veränderten oder bereicherten:

Johann Friedrich Naumann (1780–1857) war ein Bauernsohn, der nach vier Jahren die Schule verlassen musste, um auf dem Hof seines Vaters mitzuarbeiten. Er gilt als Begründer der modernen Ornithologie in Deutschland, novellierte die Präparation von Vögeln und korrespondierte mit ornithologischen Koryphäen weltweit.

Charles Darwin (1809–1882) war studierter Theologe, auch wenn er vorher schon Studienversuche in Medizin und Chemie hinter sich gebracht hatte. Er revolutionierte durch seine Evolutionstheorie auf Basis von Anpassung und Selektion das Weltbild aller Wissenschaften.

Jean-Henri Fabre (1823–1915) war Lehrer und Volksbildner. Das zehnbändige Werk «Souvenirs Entomologiques» ist sein Vermächtnis. Victor Hugo nannte ihn den «Homer der Insekten». Zahlreiche Insektenarten, die heute seinen Namen als Autorennamen tragen, zeugen von seiner gigantischen Leistung.

Maurice-Alexandre Pouyanne (1867–?) war Richter am Appellationsgerichtshof Sidi bel Abbès in Algerien. Angeregt durch das Werk Fabres, entdeckte er bei Beobachtungen als Erster die Sexual-Mimikry der Ragwurz-Blüten, die das Aussehen weiblicher Wildbienen imitieren und so deren Männchen zur Pseudokopulation veranlassen, um sich bestäuben zu lassen.

Diese vier Naturforscher waren allesamt Laien in ihren jeweiligen Forschungsgebieten. Es sind demnach keineswegs nur professionell-akademische Forschende, die in den vergangenen Jahrhunderten große Wissenszugewinne hervorbrachten. In manchen Bereichen gilt das noch heute.

Sicher findet die naturwissenschaftliche Spitzenforschung überwiegend im akademischen Rahmen statt, denn dort ist die Finanzierung sichergestellt. Angesichts dessen aber die breit aufgestellte Basisarbeit zu vergessen, wäre ein grundlegender Fehler. Dazu kommt: Die Ausbildungsgänge an den Universitäten im Bereich der «grünen Biologie» sind im Vergleich zu einst deutlich ausgedünnt, es wird momentan weniger feldbiologisches Basiswissen vermittelt. Dieser Trend spiegelt sich leider in den Lehrplänen der Schulen wider. Somit wächst die Bedeutung ehrenamtlicher Forschungsarbeit.

Es ist gesund und bereitet uns Freude, Natur zu beobachten, dabei hinzuzulernen und durch das Melden unsere Beobachtungsdaten verwertbar zu machen. Darüber hinaus ist es sinnvoll und nützlich für die Menschheit. Werden Sie aktiv und mit NABU-naturgucker.de oder einer anderen Beobachtungsdatenbank Teil der Bürgerwissenschaftsgemeinde!

Damit Ihnen der Einstieg in die Naturbeobachtung leichter von der Hand geht, haben wir dieses Buch geschrieben. Neben einigen theoretischen und praktischen Grundlagen geht es darin vor allem darum, wie Sie ausgewählte Artengruppen am besten beobachten, bestimmen und dokumentieren können. Das Buch stattet Sie also mit dem ersten notwendigen, praktisch-methodischen Rüstzeug aus, um sich erfolgreich der Beobachtung der Natur zu widmen – der Wissenschaft zunutze und der eigenen Lebensfreude zuliebe.

In diesem Sinne: Naturgucken macht Spaß und schafft Wissen!

Stefan Munzinger und Gaby Schulemann-Maier

Grauschwarze Weiden-Sandbiene (*Andrena vaga*)

1 Warum Menschen die Natur beobachten

Stefan Munzinger, Gaby Schulemann-Maier

© Ulrike Schopp

Naturexkursion auf einer Bergehalde am Rande des Ruhrgebiets.

Es gibt eine Vielzahl von Gründen, weshalb es Menschen nach draußen zieht. Neben zielgerichteten Vorhaben, wie sportlicher Betätigung im Freien und dem Ausführen von Hunden, werden immer wieder auch Aspekte wie «frische Luft und Sonne tanken» oder «den Kopf frei bekommen» genannt. Dabei wird oft die Natur bewusst wahrgenommen, also beobachtet.

In der Befragung «Naturbeobachtungen 2020» von naturgucker.de[1] gaben 44 % der Teilnehmenden an, gern die Natur zu beobachten, weil sie das Naturerlebnis schätzen; weiteren 31 % macht es grundsätzlich Spaß. «Weil die Natur die Grundlage unseres Lebens ist» und «weil es nichts Schöneres und Faszinierenderes gibt als die Natur» waren Begründungen, die ebenfalls genannt wurden. Ein anderer häufig genannter Antrieb ist das Lernen von Neuem. Fast zwei Drittel (64 %) der Befragten möchten während der Naturexkursion die eigenen Kenntnisse ausbauen.

Oftmals wird das Beobachtete mit der Kamera dokumentiert. Derlei Aufnahmen haben für zahlreiche Naturbegeisterte weit mehr als einen ästhetischen Wert. Vielmehr dienen sie als Belegbilder und zum späteren Nachbestimmen des Gesehenen – und damit wiederum dem Mehren des Wissens.

1 https://www.naturgucker.info/vielfalt-studieren/motivationsbefragung

© Gaby Schulemann-Maier

Vogelbeobachtung am Morgen

Welche Artengruppe im Zentrum des persönlichen Interesses steht, ist unterschiedlich. Unsere Erfahrung mit den Menschen aus der NABU-naturgucker.de-Gemeinschaft zeigt, dass etliche Naturbegeisterte mit der Zeit ihren Fokus vergrößern. So kann sich zum Beispiel zu der Vorliebe für Vögel die Begeisterung für Pflanzen oder Insekten hinzugesellen. Rund 20 % der circa 1000 Antwortenden einer zweiten Umfrage[2] von naturgucker.de gaben an, sich mithilfe dieser Meldeplattform in mindestens eine weitere Artengruppe eingearbeitet zu haben.

Sich auf Neues einzulassen oder in das große Ganze einzutauchen und das Zusammenspiel der Arten zu erleben, empfinden viele als beeindruckend und lehrreich. Allerdings ist es insbesondere zu Beginn eine große Herausforderung. Um etwa Pilze, Wildbienen oder Weichkäfer sicher auf Artniveau zu bestimmen, sind ein geschulter Blick und eine gewisse Portion Erfahrung vonnöten. Worauf im Detail zu achten ist, unterscheidet sich bei den einzelnen Artengruppen. Hilfestellungen hierzu bieten die Bestimmungskapitel in diesem Buch.

Naturbeobachtung ist aber keine Raketenwissenschaft, und für Bestimmungsfehler muss sich niemand schämen. Sie kommen nahezu bei jedem vor und verursachen keinen Weltuntergang. Vielmehr lässt sich aus Bestimmungsfehlern für die Zukunft lernen. Wer neugierig bleibt und beim Bestimmen die Hilfe anderer Naturbegeisterter annimmt, beispielsweise bei einer Meldeplattform wie NABU-naturgucker.de, kann durch das Beobachten der Natur sehr viel Spannendes lernen.

2 Befragung naturgucker.de 2014, nicht veröffentlicht

2 Vorgehen beim Beobachten

Stefan Munzinger, Gaby Schulemann-Maier

In vielen Wissenschaften sind das Beobachten und Dokumentieren von Naturerscheinungen, Prozessen oder Geschehnissen essenziell. Hierdurch lassen sich Veränderungen aufzeichnen, Hypothesen überprüfen, und es wird letztendlich Wissen gewonnen. Bei der Naturbeobachtung gibt es unterschiedliche Herangehensweisen.

Freies Naturbeobachten

Die einfachste Art ist das «freie» und spontane Beobachten: Aktive gehen zum Zeitpunkt ihrer Wahl in die Natur, nehmen eventuell Fernglas, Lupe, Kamera oder sonstige Hilfsmittel mit und notieren, was ihnen begegnet. Größtenteils achten sie nur auf das, was sie besonders interessiert. Um so zu beobachten, sind keine weiten Wege nötig. Viele Gärten oder sogar Balkone mit einer Fütterungsstelle für Vögel beziehungsweise einer Insekten-Nisthilfe bieten bereits spannende Beobachtungsmöglichkeiten.

Damit «freie» Beobachtungen für den Naturschutz und die Forschung nutzbar werden, sollten sie über längere Zeiträume erhoben werden. Am besten ist es, die Beobachtungsdaten vieler Personen an zentraler Stelle zu sammeln. Denn für sich genommen sind durch freies Beobachten gewonnene «Datenpunkte» stark durch die Gewohnheiten der jeweiligen Personen beeinflusst. Typische Faktoren sind unter anderem persönliche Interessen und Fähigkeiten sowie das individuelle Artenwissen, aber auch das lokale Wettergeschehen.

Erst durch das «Mischen» mit Beobachtungsmeldungen anderer Naturbegeisterter können die Daten ausgewertet und möglicherweise als Basis für effektive Naturschutzmaßnahmen genutzt werden. In einem großen Datenbestand werden die subjektiven Einflüsse einzelner Menschen oft ausgeglichen, etliche Verzerrungen heben sich gegenseitig auf. Genau das leisten moderne, internetgestützte Beobachtungsnetzwerke wie NABU-naturgucker.de, wo zahlreiche Naturbeobachtende einen Datenbestand für Auswertungen zusammentragen.

Wer gemeinsam mit anderen Naturbegeisterten auf Exkursionen geht, kann die Nutzbarkeit der Daten weiter erhöhen. Viele Augen sehen mehr als zwei, woraus sich oftmals entsprechend stattliche Beobachtungslisten ergeben. Unterschiedliche Interessen der einzelnen Personen erweitern zusätzlich das erfasste Artenspektrum. Zumeist machen gemeinsame Unternehmungen obendrein sehr viel Spaß!

© Gaby Schulemann-Maier

Spannender Exkursionsfund: Muschelschalen

Alles nach Plan: Monitoring und Kartierung

Die Begriffe «Monitoring» und «Kartierung» stehen für sämtliche Arten der systematischen Erfassung oder Beobachtung. Ein zentrales Element ist die wiederholte beziehungsweise regelmäßige Durchführung. Es wird demnach mit einem Auftrag und einem im Vorfeld erdachten Plan ans Werk gegangen. Grundlage ist eine Fragestellung, die es durch Beobachten, Datenerfassung und Auswertung zu beantworten gilt.

Für gewöhnlich richtet sich der Plan nach der zu untersuchenden Frage und Artengruppe: Sollen Brutvögel erfasst werden, so finden Exkursionen am besten im Frühjahr morgens und/oder abends statt. Für die Beobachtung von Schmetterlingen sind hingegen nicht allzu heiße Tageszeiten im Hochsommer wesentlich besser geeignet – außer es stehen im Winter aktive Arten wie die Frostspanner im Fokus.

Bei vielen Kartierungs- und Monitoring-Projekten wird im Vorfeld festgelegt, wo die Beteiligten ihre Untersuchungen durchzuführen haben. Entweder finden die Beobachtungen auf festgelegten Teilflächen, sogenannten Probeflächen, statt. Oder auf der zu untersuchenden Gesamtfläche werden einzelne beziehungsweise mehrere linienförmige Abschnitte (= Transekte) definiert, die jeweils zu begehen sind. Eine repräsentative Gesamtfläche vorausgesetzt, können die Ergebnisse durch Hochrechnung verallgemeinert werden. Über mehrere Jahre hinweg lassen sich so vergleichbare Datenbestände aufbauen, die Entwicklungen in der Natur abbilden.

Bekanntlich unterliegt das Auftreten von Tieren, Pflanzen und Pilzen gewissen Regelmäßigkeiten. Vögel singen im Frühling beispielsweise meist frühmorgens und gegen Abend am intensivsten. Trotzdem ist vieles mit erheblichem Zufall behaftet. Beispielsweise können das Wetter oder menschengemachte Störungen während einzelner Exkursionen zu «Unregelmäßigkeiten» führen. Deshalb sollten Beobachtende die ihnen zugewiesenen Flächen mehrfach begehen, denn einzelne Störungen fallen in größeren Datenbeständen weniger ins Gewicht.

Typische Monitoring- oder Kartiervorhaben sind die Internationale Wasservogelzählung des Dachverbandes Deutscher Avifaunisten (DDA) und das Tagfalter-Monitoring des Helmholtz-Zentrums für Umweltforschung (UFZ) in Leipzig. Hinsichtlich der Pflanzen sei der Verbreitungsatlas der Blütenpflanzen Deutschlands des Bundesamtes für Naturschutz (BfN) genannt.

Wer sich vorab darüber informiert, was im Exkursionsgebiet zu erwarten ist, kann die passende Ausrüstung mitnehmen – zum Beispiel ein Fernglas.

Obwohl öfter von Zufallsbeobachtungen gesprochen und dadurch die Existenz von Beobachtungen ohne Zufallseinfluss unterstellt wird, gilt: Der Zufall lässt sich insbesondere bei mobilen Arten nie ausschließen, nicht einmal bei Monitoring-Projekten oder Kartierungen. Es liegt schlicht in der «Freiheit» des zu beobachtenden Objekts und seiner ebenfalls «freien» Umwelt begründet, ob eine Beobachtung zu einer bestimmten Zeit überhaupt möglich ist oder nicht. Wer Zufälligkeit verneint, nimmt zwangsläufig an, dass zum Beispiel Schmetterlinge oder Zugvögel wie Linienbusse nach Fahrplan (= determiniert, Gegenteil von Zufall) an festgelegten Plätzen vorbeikommen. Dass sie mit festgelegtem Takt solche «Haltestellen» ansteuern, ist aber eher unwahrscheinlich. Vielmehr ist der Zufall eine wichtige und allgegenwärtige Konstante in der Natur. Dennoch gelingt es mit dem strukturierten Vorgehen bei Kartierungen und Monitoring-Projekten vergleichbare Daten zu gewinnen, obgleich auch sie nicht frei von Zufällen sind.

Nicht nur Besonderes zählt!

«Soll ich tatsächlich Beobachtungen von Allerweltsarten wie der Amsel und jedes Gänseblümchen melden?» – Fragen wie diese erreichen das Team von NABU-naturgucker.de recht oft. Für uns ist die Antwort klar: «Ja, unbedingt!»

Wer heute nicht alles dokumentiert, kann morgen nicht sagen, wie es einmal war. Schwalben, Schmetterlinge oder Libellen sind im Herbst plötzlich irgendwann verschwunden. Wir können uns in vielen Fällen nicht mehr genau daran erinnern, wann wir sie zuletzt gesehen haben. Liegen hingegen detaillierte Aufzeichnungen vor, ist das problemlos möglich.

Es mag zwar mit Aufwand verbunden sein, so viele Sichtungen wie möglich – inklusive Allerweltsarten – zu dokumentieren. Inhaltlich spricht aber sehr viel dafür. Sind etwa alltägliche Vögel bereits zu Seltenheiten geworden, sind Schutzmaßnahmen längst überfällig. Oder wenn die Feuchtwiese nicht mehr bunt von Knabenkräutern leuchtet, wird kaum noch Rettung möglich sein. Durch das Erfassen vieler Daten über einen längeren Zeitraum lassen sich Trends in der (lokalen) Bestandsentwicklung oftmals frühzeitig erkennen. Gute Beispiele dafür sind die Ergebnisse der NABU-Mitmachaktionen «Insektensommer» und «Stunde der Wintervögel.»

Zum zeitsparenden Dokumentieren zahlreicher und detaillierter Naturbeobachtungsdaten gleich vor Ort stehen inzwischen übrigens verschiedene Apps für Smartphones und Tablets zur Verfügung.

Gut vorbereitet beobachten

Wie finden die draußen bloß immer so viele verschiedene Arten? – Diese Frage stellen sich manche Naturbegeisterte, wenn sie die Beobachtungslisten anderer Aktiver, zum Beispiel auf NABU-naturgucker.de, ansehen. Vorweg sei hierzu angemerkt: Einem Großteil der Beobachtenden geht es nicht primär darum, so viele Arten wie möglich zu entdecken. Sie haben vielmehr mit der Zeit an Erfahrung gewonnen und wissen, wie und wo sie spannende Entdeckungen machen können. Sie gehen gut vorbereitet ans Werk und werden dafür in vielen Fällen mit einer Vielzahl unterschiedlicher Sichtungen «belohnt».

Wer sich zum Beispiel für Insekten interessiert, kann während einer ersten Exkursion in einem Gebiet nachschauen, welche Pflanzen generell vorkommen und ob darauf Insekten zu sehen sind. Es macht nichts, wenn man die kleinen Tiere nicht gleich alle erkennt. Am Anfang sollte stehen, die Pflanzen zu bestimmen. Im nächsten Schritt kann dann in der Literatur oder im Internet recherchiert werden, ob es Insektenarten gibt, die bevorzugt an den gesehenen Gewächsen vorkommen. Während weiterer Exkursionen ist man so schon gut vorbereitet und kann gezielter nachschauen. Besonders ergiebig sind übrigens unter anderem Brennnesseln (*Urtica* spec.) und Eichen (*Quercus* spec.).

Einige Beispiele für Arten, die auf und an Stiel-Eichen (*Quercus robur*) zu finden sind. 1: Männliche Goldammer (*Emberiza citrinella*), 2: Larve des Zweiundzwanzigpunkt-Marienkäfers (*Psyllobora vigintiduopunctata*), 3: Gallen der Eichenseidenknopf-Gallwespe (*Neuroterus numismalis*), 4: Larve der Kleinen Linden-Blattwespe (*Caliroa annulipes*), 5: Gewöhnlicher Eichelbohrer (*Curculio glandinum*), 6: Männliche Grüne Langhornmotten (*Adela reaumurella*), 7: Kokon einer Zwerg-Kugelspinne (*Paidiscura pallens*), 8: Schwarze Wegameise (*Lasius niger*) mit Blattläusen, 9: Raupe des Schwammspinners (*Lymantria dispar*), 10: Gallen der Eichenlinsen-Gallwespe (*Neuroterus quercusbaccarum*).

Viele kleine Tiere halten sich am liebsten auf der Unterseite von Blättern auf. Es kann vom Frühling bis zum Herbst deshalb lohnend sein, mit einer Lupe auf «Kleintiersafari» zu gehen und die Blattunterseiten abzusuchen. Im Herbst ist die Laubstreu am Boden ein interessantes Kleinst-Beobachtungsgebiet. Schnecken, Asseln, Spinnentiere, Erdläufer, Laufkäfer und viele weitere Tiere können wir ebenso antreffen, wie so manchen Pilz, dessen Fruchtkörper entweder gerade erst aus dem Boden wächst oder der auf dem abgeworfenen Laub gedeiht.

Grundsätzlich kann es hilfreich sein, sich vor dem Besuch eines Gebietes darüber zu informieren, welche Arten dort vorkommen oder bereits von anderen Naturbegeisterten gesehen wurden. Wer sich ein wenig in die Lebensweise jener Arten einarbeitet, wird sie im Gebiet dann meist deutlich leichter finden können. Möchten wir zum Beispiel die Rohrammer (*Emberiza schoeniclus*) im Frühling in einem großen strukturreichen Gebiet aufspüren, konzentrieren wir uns am besten auf Schilf- und Röhrichtbestände in Gewässernähe und suchen nicht mitten in einem Gehölz nach ihr.

Tipp:

Fundiertes Hintergrundwissen über Arten und Lebensräume vermitteln die kostenlosen Lernangebote der NABU|naturgucker-Akademie im Internet, siehe S. 181.

2.1 Ausrüstung

Stefan Munzinger, Gaby Schulemann-Maier

Wer die Natur gezielt beobachten möchte, profitiert von einer entsprechenden Ausrüstung: Ohne Fernglas geht nur selten etwas, und zum Dokumentieren des Gesehenen ist eine Kamera unerlässlich. Sogar mit einfachen Geräten lässt sich die Natur erfolgreich beobachten, und die erste Ausrüstung muss nicht Tausende von Euro kosten. Zudem finden sich auf dem Gebrauchtmarkt oft günstige Spitzengeräte.

Im Folgenden erwartet Sie ein praxisorientierter Überblick über Grundsätzliches, detaillierte Testberichte können Sie zum Beispiel im Internet lesen. Unserer Erfahrung nach ist es ratsam, herstellerunabhängige Beratungsgespräche mit fachkundigen Händlern zu führen und in Fachgeschäften Geräte auszuprobieren. Es sollte sich gut anfühlen, sie zu nutzen, denn nur dann bringen sie einen echten Mehrwert.

Fernglas

Von der Vogelbeobachtung über das Betrachten von Säugetieren bis zum Botanisieren und Erkunden von Insekten erweisen sich Ferngläser als hilfreiche Werkzeuge. Oft nicht bekannt ist, dass sich durch ein umgedrehtes Fernglas faszinierende Einblicke in kleinste Details bieten.

Geräte mit folgenden technischen Daten sind für Naturbeobachtende grundsätzlich empfehlenswert:

- Vergrößerung zwischen 8- und 10-fach (je größer, desto mehr Details sind erkennbar, aber desto stärker wirkt sich das Zittern negativ aus und desto heller sollte es sein).
- Linsendurchmesser zwischen 30 und 43 (je größer, desto mehr Licht erreicht das Auge des Beobachtenden).

Die entsprechenden Produktbezeichnungen reichen von 8x30 bis 10x56. Grundsätzlich gilt: Je höher die Vergrößerung, desto größer sollte der Linsendurchmesser sein, damit ein möglichst helles Bild entsteht.

Ferngläser sind auch in Kombination mit einer Brille gut nutzbar.

Eine weitere wichtige Kenngröße ist das Gewicht, das bei der Mehrheit der Modelle zwischen 200 g und 2 kg liegt. Während langer Exkursionen werden leichte Geräte häufig als angenehm empfunden. Dagegen liegen schwere Ferngläser beim Beobachten ruhiger in der Hand als die «Fliegengewichte». Sogenannte Kreuzgurte, die das Gewicht der Ferngläser auf die Schultern verteilen und es nicht wie die gängigen Riemen auf dem Nacken lasten lassen, erleichtern das Tragen.

Ferngläser für Neulinge sind für weniger als 100 € zu haben. Derart preisgünstige Modelle bieten zumeist ein enttäuschendes Preis-Leistungs-Verhältnis. Akzeptable Leistungen bringen eher Geräte, die mindestens 300 € kosten.

Für jene, die gern dauerhaft in die Naturbeobachtung einsteigen möchten, kann es sinnvoll sein, etwas mehr Geld auszugeben. Bis 600 € sind Ferngläser mit wirklich guter Qualität erhältlich. Grundsätzlich lohnenswert ist die Anschaffung eines der Spitzenferngläser beispielsweise von Swarovski Optik oder Zeiss. Ein solches Gerät hat typischerweise eine Lebensdauer von 20 Jahren und länger; viele namhafte Hersteller gewähren 30 Jahre Garantie. Angesichts einer so langen möglichen Nutzungsdauer relativiert sich der deutlich höhere Preis, der in der Regel um 2000 € oder mehr liegen kann.

Es gibt Spezialferngläser mit integrierten Bildstabilisatoren. Bei diesen Geräten kann die Vergrößerung höher als 20-fach sein. Zur Naturbeobachtung an Land empfehlen sich aus unserer Sicht nur die Gläser von Canon, da sie lediglich schnelles Zittern gut kompensieren. Produkte anderer Hersteller sind eher für den Einsatz auf Schiffen mit relativ langsam schwingenden Bewegungen optimiert. Werden diese Ferngläser auf festem Boden eingesetzt, kommt es zu einem langsamen Nachschwingen des sich stabilisierenden Bildes.

Spektiv

Zumeist werden Vögel oder Säugetiere mit Spektiven beobachtet. Für gewöhnlich haben Spektive Frontlinsen mit einem Durchmesser von 60–100 mm und zwischen 20- und 60-facher Vergrößerung, oftmals als variables Zoom. Nur mit einem solchen Gerät lassen sich aus großer Entfernung für die Bestimmung ausreichende Details erkennen.

Als Standardkombination empfiehlt sich ein Frontdurchmesser von 80 mm mit einer 30-fachen Vergrößerung. Kleinere Frontlinsen stoßen an trüben Wintertagen und gegen Abend schnell an ihre Grenzen. Trotzdem sind die Fieldscopes von Nikon ernst zu nehmende Produkte, zumal sie klein und leicht sind. Und wer sowieso nicht plant, in der Dämmerung oder bei schlechtem Wetter draußen zu beobachten, ist mit einem Objektivdurchmesser von 60 mm oder sogar nur 50 mm gut beraten. Darüber hinaus sind die neuen «Z-Spektive» von Minox einen Blick wert. Sie sind außergewöhnlich kompakt und leicht.

© Gaby Schulemann-Maier

Beobachtungshelfer mit praktischer Stirnstütze

Der Qualitätssprung zu einem der Spitzengeräte fällt bei einem Spektiv aufgrund der hochwertigeren optischen Komponenten zumeist noch deutlicher aus als bei den Ferngläsern. Allerdings trifft dies auf die Preise ebenso zu. Wer mit einem High-End-Gerät liebäugelt, muss mit Anschaffungskosten von mindestens 3000 € rechnen.

Ohne ein stabiles Stativ bringt selbst die allerbeste Optik nichts, und das ist ebenfalls recht teuer. Einerseits sollte es dabei nicht zu schwer sein, andererseits darf es bei stärkerem Wind auf keinen Fall instabil werden. Solide Carbonstative sind gleichermaßen leicht und stabil.

Mikroskope

Kleinste Details übersteigen die Leistungsfähigkeit gängiger Lupen. Wer zum Beispiel im Wasser lebende Algen, Bärtierchen oder Pilzsporen genauer betrachten möchte, ist auf ein Mikroskop angewiesen.

Es gibt Geräte mit einem Einblick und solche mit zweien. Das Betrachten der Objekte mit beiden Augen ist gerade bei längeren Sitzungen erheblich angenehmer. Außerdem wird zwischen Durchlicht-Mikroskopen, deren Lichtquelle sich meist im Fuß befindet, und Auflicht-Mikroskopen mit einer oben angebrachten Beleuchtungseinrichtung unterschieden. Manche Auflicht-Modelle verfügen zusätzlich über eine zweite Leuchte, die die Objekte von unten anstrahlt.

Die Wahl des Gerätetyps sollte auf das individuelle Einsatzgebiet abgestimmt werden. So beleuchten etwa viele Forschende, die Insekten betrachten, die Tiere von oben. Dagegen setzen Menschen, die Pflanzengewebe oder Pilzsporen anschauen, oft gern auf Lichtquellen unterhalb der Objekte. Welche Vergrößerung benötigt wird, hängt genauso vom jeweiligen Einsatzgebiet ab. Am besten ist es, sich vor der Anschaffung von Menschen mit Erfahrung in diesem speziellen Bereich beraten zu lassen.

Tipp:

Für manche Geräte gibt es spezielle Aufsätze zum Fotografieren, andere verfügen über einen dritten Tubus zum Montieren einer Kamera und wieder andere Geräte funktionieren digital, sodass gleich am Bildschirm Fotos angefertigt werden können.

Digitalkamera

Weil dieses Themenfeld sehr umfangreich ist, greifen wir hier nur einige wenige Grundlagen auf; die Details füllen bereits ganze Bücher. Ein wesentliches Qualitätskriterium für digitale Kameras stellt die Größe des Fotochips (CCD-Sensors) dar. Je größer dieser ist – gemeint ist die absolute Größe (Fläche) und die sich daraus ergebende Größe der Einzelpixel und nicht die Anzahl der Bildpixel –, desto besser ist meist das Rauschverhalten. Größere CCD-Sensoren bieten somit die Möglichkeit, im Bereich höherer Lichtempfindlichkeiten brauchbare Bilder anzufertigen.

Bezüglich der Bildpixel ist noch etwas wichtig: Die derzeit besten Objektive wie das Zeiss Otus oder das Nikon Z MC 105 mm lösen bis zu 16 Megapixel auf. Günstige Setobjektive liegen normalerweise im Bereich von 10–12 Megapixel. Ein CCD-Sensor mit mehr Pixeln bietet deshalb nur Vorteile bei der Bildbearbeitung. Ein gängiger Monitor mit 1920 x 1200 Pixeln hat lediglich knapp

© Petra Schröder

Weit entfernte Motive abzulichten, ist mit großen Teleobjektiven kein Problem.

2,4 Millionen Bildpunkte (Megapixel), ein HD-Fernseher mit 1200 x 780 Pixeln noch nicht einmal eine Million Bildpunkte! Lediglich moderne 4k-Geräte bieten mit rund 8 Megapixeln eine deutlich höhere Auflösung. Diese entspricht ungefähr derjenigen, die man für den ansehnlichen Ausdruck eines Bildes in DIN-A4-Größe braucht.

Um die technische Qualität der Fotos zu steigern, lohnt es, sich mit dem Thema Bilddateiformat auseinanderzusetzen. Das raw-Format bietet deutlich mehr Reserven für die Bildbearbeitung, erfordert aber erheblich mehr Arbeit als ein einfaches, direkt in der Kamera produziertes Bild im jpg-Format. Da zum Veröffentlichen von Fotos im Internet lediglich vergleichsweise kleine Bildformate benötigt werden, reichen hierfür meist verkleinerte jpg-Bilder direkt aus der Kamera.

Kameratypen

Je nach Beobachtungsschwerpunkt und damit Einsatzgebiet eignen sich zum Dokumentieren bestimmte Kameratypen. Bewährt haben sich **Kompakt- und Bridgekameras**. Sie haben jeweils ein fest eingebautes Zoom-Objektiv. Es deckt zumeist Brennweiten vom Weitwinkel- bis zum Telebereich ab. Demnach eignen sich solche Kameras für alle Disziplinen von der Landschafts- über die Vogelfotografie bis hin zum Anfertigen von Makro-Aufnahmen; über eine solche Funktion verfügen die meisten Kompakt- und Bridgekameras.

Nachteilig sind die kleinen CCD-Sensoren, die sich grundsätzlich eher schlecht auf die Bildqualität auswirken, wenn auch hier mittels Software sehr viel verbessert wurde sowie die systembedingt kleinen Linsensysteme. In einer Preisklasse von 300–400 € finden Sie zahlreiche Modelle, die bereits Gutes leisten.

Bei **spiegellosen Systemkameras** und **Spiegelreflexkameras (DSLR)** können die Objektive gewechselt werden, was ein Höchstmaß an Flexibilität bietet. Sie wird mit höheren Aufwendungen bei der Anschaffung erkauft, denn jedes Objektiv will bezahlt werden. Bei der Verwendung solcher Kameras stellt sich eine besondere Frage: Soll es das Vollformat (24 mm x 36 mm großer Sensor) oder kleiner sein, beispielsweise das APS-C-Format, dessen Sensorchip mit 22,5 mm x 15,0 mm rund 60 % kleiner als ein Vollformat-Chip ist?

Nur wenn sie an einer Vollformatkamera zum Einsatz kommen, wird die nominale Brennweite der Objektive (eigentlicher Blickwinkel) tatsächlich genutzt. Bei kleineren Sensorformaten müssen die Brennweiten durch den sogenannten Cropfaktor, bei Nikon Dx DSLR beispielsweise 1,5 Mal, auf eine kleinbildäquivalente Brennweite umgerechnet werden. Der Grund dafür ist, dass der Sensorchip aufgrund seiner Abmessungen nur einen Teil des vom Objektiv gelieferten Bildes aufzeichnen kann. Ein Teleobjektiv mit originär 200 mm Brennweite hat an einer solchen Nikon-Kamera die kleinbildäquivalente Brennweite von 300 mm. Was bei einem Teleobjektiv als erfreulich begrüßt wird, ist bei einem Weitwinkelobjektiv aber kontraproduktiv. Letztendlich entspricht dieses scheinbar größere Bild ohnehin lediglich einer Ausschnittsvergrößerung eines Bildes, wie es mit einem Vollformat-Sensor erzielt werden könnte. Preislich reicht die Bandbreite in diesem Kamerasegment von Einsteigermodellen für wenige Hundert bis hin zu mehreren Tausend Euro teuren Profigeräten.

Moderne **Smartphones** überzeugen mit ansprechender Bildqualität, auf die sich in vielen Bereichen setzen lässt – insbesondere in Kombination mit Spezialzubehör. Im Handel sind Aufstecklinsen für Smartphones erhältlich, mit deren Hilfe sich zum Beispiel Makrofotos anfertigen lassen. Spezielle Adapter erlauben es, Smartphones mit Spektiven zu verbinden und diese gewissermaßen als «Super-Teleobjektive» einzusetzen. Diese Aufnahmetechnik wird als Digiskopie oder Digiscoping bezeichnet.

Nützliche Kleinigkeiten

Einschlaglupe: Zum Betrachten von Details in nächster Nähe haben sich sogenannte Botaniker- oder Einschlaglupen bewährt, die meist etwa eine zehnfache Vergrößerung bieten. Diese nützlichen Helfer werden alternativ als Mehrfachlupen angeboten, die man durch Übereinanderklappen kombinieren kann und so geringere und stärkere Vergrößerungen in einem Gerät erhält.

Becherlupe: Für das Betrachten kleiner Motive wie Moose eignet sich bestens eine Becherlupe. Hier ist eine Lupe direkt in den (Klapp-)Deckel eines durchsichtigen Bechers integriert. Hochmobile Objekte könnten gut betrachtet und damit häufig besser bestimmt werden. Jedoch sind die Naturschutzgesetze zu beachten: Sie untersagen gegebenenfalls sogar das vorübergehende Gefangenhalten der Tiere, was die Einsatzmöglichkeiten der Becherlupe stark einschränkt.

Maßskala/Maßband: Beim fotografischen Dokumentieren von Funden ist es in vielen Fällen sinnvoll, einen Maßstab neben das Motiv zu halten, um so die Größe dokumentieren zu können. Bei Blüten, Insekten und anderen kleinen Tieren eignet sich eine Millimeterskala. Für größere Funde sollte es stattdessen ein Maßband sein.

Tipp:

Kostenlose Lineal-Apps, auch Ruler-Apps genannt, nehmen auf Smartphones kaum Speicherplatz in Anspruch und sind draußen schnell zur Hand.

Smartphones: Abgesehen davon, dass sie sich zum Fotografieren und Anzeigen von Längen eignen, können Smartphones in Kombination mit diversen Apps noch sehr viel mehr. Alle modernen Geräte verfügen über einen brauchbaren GPS-Chip, der (fast) überall eine exakte Position liefert. Karten-Apps machen Smartphones zu Navis für Naturbeobachtende. Integrierte Rekorder fertigen Tonaufzeichnungen an, etwa wenn unbekannte Vogel- oder Heuschreckengesänge später bestimmt werden sollen. Außerdem können solche Tierstimmen unterwegs angehört werden. Unbedingt zu beachten ist, dass das Anlocken von Vögeln mit per Smartphone abgespielten Gesängen und Rufen verboten ist.

Daneben bietet es sich an, beispielsweise mit den NaturApps des Haupt Verlages oder von NABU-naturgucker.de Beobachtungen unterwegs zu dokumentieren. Verschiedene Anwendungen helfen draußen beim Bestimmen von Pflanzen und Tieren per automatischer Bilderkennung.

Die Lichtfalle für die Beobachtung von Nachtfaltern steht bereit.

2.2 Rechtliches

Stefan Munzinger, Gaby Schulemann-Maier

Viele Naturbegeisterte möchten gern dauerhaft die Natur beobachten können. Unter anderem deshalb liegt ihnen ihr Erhalt am Herzen. Zusätzlich sind für sie und genauso für alle, denen der Naturschutz weniger wichtig ist, geltende Gesetze sowie die darauf basierenden weiteren Bestimmungen bindend.

Zentrale Regelungen zu dem, was in Deutschland in der Natur erlaubt ist und was nicht, beruhen auf dem Bundesnaturschutzgesetz (BNatSchG), speziell dem Abschnitt 3, sowie der Bundesartenschutzverordnung (BArtSchV), im Detail vor allem deren Anlage 1, die sämtliche streng geschützten und besonders geschützten Arten auflistet.

Bundesnaturschutzgesetz § 37 besagt:

> «Der Artenschutz umfasst
> 1. den Schutz der Tiere und Pflanzen wild lebender Arten und ihrer Lebensgemeinschaften vor Beeinträchtigungen durch den Menschen und die Gewährleistung ihrer sonstigen Lebensbedingungen,
> 2. den Schutz der Lebensstätten und Biotope der wild lebenden Tier- und Pflanzenarten sowie
> 3. die Wiederansiedlung von Tieren und Pflanzen verdrängter wild lebender Arten in geeigneten Biotopen innerhalb ihres natürlichen Verbreitungsgebiets.»

Das bedeutet, dass Tiere, Pflanzen und Pilze nicht gestört und zerstört sowie Lebensräume nicht beeinträchtigt werden dürfen, auch nicht beim Beobachten oder Fotografieren. Wenig bekannt ist dabei, dass eine Reihe von Pilzen unter Naturschutz steht. Eine auf der Bundesartenschutzverordnung beruhende Ausnahmeregelung gestattet es lediglich, diese Pilze in geringen Mengen für den Eigenbedarf zu sammeln.

Des Weiteren darf man Tiere nicht anfassen, denn dadurch könnte beispielsweise die empfindliche Haut eines Frosches geschädigt werden. Tatsächlich dürfen nicht einmal Teile streng oder besonders geschützter Tiere aufgesammelt werden. Deshalb sind Federn aus der Eisvogelrupfung eines Sperbers genauso tabu wie die leeren Larvenhäute (Exuvien) von Libellen. Federn unter dem Schlafplatz einer Amsel, die keine streng oder besonders geschützte Vogelart ist, dürfen hingegen aufgesammelt werden. Betreffen solche Funde allerdings tote Tiere oder Tierteile jagdbarer Arten, greifen zusätzlich die Bestimmungen des Bundesjagdgesetzes (BJagdG) sowie der entsprechenden Ländergesetze. Das Mitnehmen eines abgeworfenen Hirschgeweihs gilt demzufolge als Wilderei! Den Umgang mit zahlreichen im Wasser lebenden Tierarten regelt das Fischereigesetz.

Unabhängig davon darf in den meisten Situationen gemäß Bundesnaturschutzgesetz § 45 [5] allen verletzten Tieren geholfen werden: «Abweichend von den Verboten des § 44 Absatz 1 Nummer 1 sowie den Besitzverboten ist es vorbehaltlich jagdrechtlicher Vorschriften ferner zulässig, verletzte, hilflose oder kranke Tiere aufzunehmen, um sie gesund zu pflegen.»

Anfassen als Rettung: von einem Gehweg geborgene Raupe des Labkraut-Schwärmers (*Hyles gallii*).

Ferner stellen sich Fragen wie: Wohin dürfen Beobachtende gehen? Ist es gestattet, über eine gemähte Wiese zu laufen? Dazu enthält das Bundesnaturschutzgesetz entsprechende Regelungen (§ 59 [1]): «Das Betreten der freien Landschaft auf Straßen und Wegen sowie auf ungenutzten Grundflächen zum Zweck der Erholung ist allen gestattet.» Detailliert wird dieser Grundsatz in entsprechenden Landesgesetzen geregelt. In Bayern darf die Landschaft inklusive Felder und Wiesen außerhalb der Nutzungszeiten zwischen Saat und Ernte auch abseits von Wegen betreten werden.

Im Zuge der Ausweisungen von Schutzgebieten werden diese Rechte spezifisch eingeschränkt. Vor dem Aufsuchen eines Naturschutzgebietes gilt es, sich über die individuellen Schutzbestimmungen zu informieren. Nicht überall werden diese vor Ort auf Schildern ausgewiesen.

Selbstverständlich sind überdies die durch Hinweisschilder angezeigten Vorgaben von Grundstückseigentümern zu respektieren. Dasselbe gilt für allgemeine Eigentumsrechte, wie sie sich aus dem Bürgerlichen Gesetzbuch ergeben. Auf einen Hochsitz zu steigen und diesen der besseren Übersicht wegen zu benutzen, ist somit nicht gestattet.

Viele dieser Bestimmungen sind wichtig für den notwendigen Schutz unserer Arten und der Natur als Ganzes. Machen Sie sich damit vertraut und vermeiden Sie alles, was die Natur nachhaltig beeinträchtigt oder die Rechte von Mitmenschen verletzen könnte.

Ob allzu strenge Vorgaben tatsächlich im Sinne der Natur sind und langfristig zu ihrem Schutz beitragen, wird von einigen Aktiven zunehmend infrage gestellt. Schließlich konnten die seit einiger Zeit zusehends strenger werdenden Schutzbemühungen den teils drastischen Rückgang vieler Arten nicht verhindern. Indem die Zahl der Verbote wuchs, wurde den Menschen die Möglichkeit genommen, mit der Natur direkt in Berührung zu kommen. Insbesondere Kinder können so weniger lernen. Sicherlich dürfte dies einer der Gründe für die wachsende Naturentfremdung der Menschen sein, aus der wiederum die geringer werdende Wertschätzung für unsere belebte Umwelt resultiert.

Angesichts der massiven Lebensraumzerstörung durch Flächenversiegelung und intensive Landwirtschaft sowie infolge des Tötens unzähliger Tiere mittels Pestiziden mutet es darüber hinaus geradezu lächerlich an, dass etwa die leeren Larvenhüllen von Libellen nicht aufgesammelt und beispielsweise im Schulunterricht eingesetzt werden dürfen.

Beim Beobachten der Natur sollte immer auch an ihren Schutz gedacht werden.

3 Aktiv werden – Mitmachaktionen und Meldeplattformen

Stefan Munzinger, Gaby Schulemann-Maier

Wer möchte, kann jederzeit allein und unabhängig zum Beobachten in die Natur gehen. Aber gemeinsam oder vielleicht sogar mit einem gezielten «Auftrag» macht das Ganze meist deutlich mehr Spaß! Außerdem lassen sich beim projektorientierten Beobachten oft viele Details, ökologische Zusammenhänge und neue Spezies kennenlernen. Dank einiger weitergehender Hilfestellungen finden Ihre wertvollen Beobachtungsdaten später eine sinnvolle Verwendung.

Eine Auswahl fundierter, qualitätsvoller Projekte stellen wir oder die Verantwortlichen selbst im Folgenden vor.

© Günter Klein

Buchfink (*Fringilla coelebs*)

3.1 Vogelbeobachtungsaktionen des NABU

Kerstin Arnold

Im Jahresverlauf veranstaltet der NABU (Naturschutzbund Deutschland) e. V. gemeinsam mit seinem bayerischen Partner LBV (Landesbund für Vogelschutz in Bayern) drei bundesweit durchgeführte Vogelbeobachtungsaktionen: Seit 2005 findet Mitte Mai die «Stunde der Gartenvögel» statt, seit 2011 wird sie am ersten oder zweiten Januarwochenende durch die «Stunde der Wintervögel» ergänzt. Gemeinsam gelten sie als die größten wissenschaftlichen Mitmachaktionen in Deutschland. Am ersten Oktoberwochenende widmet sich der «Birdwatch» dem gemeinsamen Naturerlebnis.

Stunde der Gartenvögel

Ziel dieser Aktion ist eine deutschlandweite und möglichst genaue Momentaufnahme der Brutvogelwelt in den Städten und Dörfern zu erheben. Dazu melden Vogelbegeisterte alle Vögel, die sie im Verlauf einer Beobachtungsstunde an ihrem Zählort im Siedlungsraum – meist in ihrem eigenen Garten – gesehen haben. Angegeben wird dabei jeweils die maximal gleichzeitig anwesende Individuenzahl je Art, um Doppelzählung zu vermeiden.

© Volker Siegel

Zwei Rauchschwalben (*Hirundo rustica*)

Hauptsächlich werden die Daten auf der Webseite des NABU direkt eingegeben, daneben lassen sich Meldungen per App (über die Vogelwelt), Telefon oder Postkarte einreichen. Wichtigstes Ergebnis für jede Art ist die durchschnittlich pro Stichprobe (Garten) beobachtete Individuenzahl. Diese kann mit Daten anderer Arten, in verschiedenen Regionen und über einen längeren Zeitraum hinweg verglichen werden. So lassen sich Trends zur Häufigkeit der Arten im Siedlungsraum erkennen.

Es handelt sich nicht um ein reines Wissenschaftsprojekt. Vielmehr steht das Wecken der Begeisterung für die Natur im Vordergrund – mit Erfolg: Über 140000 Menschen waren beispielsweise 2021 aktiv und meldeten mehr als 3,1 Millionen Vögel. Damit gehört die Aktion gemeinsam mit der «Stunde der Wintervögel» in Deutschland zu den Citizen-Science-Programmen mit den meisten Teilnehmenden.

Internet: http://stundedergartenvoegel.de/

Stunde der Wintervögel

Bei dieser Aktion entspricht die Zählweise derjenigen der «Stunde der Gartenvögel». Dasselbe gilt für die Möglichkeiten, Beobachtungen zu melden. Mehr als 236000 Menschen beteiligten sich zum Beispiel im Jahr 2021 und teilten Beobachtungen von über 5,6 Millionen Vögeln mit.

Blaumeise (*Cyanistes caerulens*)

Auffällig ist, dass die Ergebnisse der einzelnen Jahre wesentlich stärker schwanken als bei der Schwesteraktion: Auf die im Winter sehr mobilen Vögel hat die vorherrschende Witterung einen viel größeren Einfluss als auf die Brutvögel, die im Mai feste Territorien besetzt haben.
Internet: http://stundederwintervoegel.de/

Birdwatch-Aktionstag

Der Fokus der dritten und ältesten großen Beobachtungsaktion von NABU und LBV liegt auf dem gemeinsamen Erleben der Natur, insbesondere der Faszination Vogelzug. Anfangs hieß sie «Tag des Zugvogels». Da die Aktion inzwischen europaweit von fast allen nationalen Partnerorganisationen des NABU-Dachverbands BirdLife International durchgeführt wird, heißt sie nun «EuroBirdwatch».

Zum Birdwatch bieten NABU und LBV zahlreiche Veranstaltungen und Exkursionen an, bei denen alle Interessierten willkommen sind. Zum Beispiel werden geführte Touren zu Wildgänsen angeboten oder unter der Leitung Fachkundiger Zugvögel beobachtet und bestimmt.
Internet: https://nabu.de/birdwatch

3.2 | NABU Insektensommer

Daniela Franzisi

Der Insektensommer ist eine Mitmachaktion zur Insektenbeobachtung in Deutschland. Sie wird seit 2018 vom NABU (Naturschutzbund Deutschland) e.V. und seinem bayerischen Partner LBV (Landesbund für Vogelschutz in Bayern) zusammen mit naturgucker.de durchgeführt. Jährlich findet sie jeweils Anfang Juni und August statt. Bei diesem großen Citizen-Science-Projekt in Deutschland geht es speziell um das Beobachten und Dokumentieren von Insekten an unterschiedlichen Orten, angefangen von Gärten bis hin zur freien Natur.

Mit dem Insektensommer möchten die Initiatoren Menschen für die Insekten sensibilisieren und eine kontinuierliche Datenerfassung zu dieser Tiergruppe etablieren. Durch die eigenen Beobachtungen sollen die Menschen für sich selbst die Welt der Insekten besser kennen- und verstehen lernen, Artenkenntnisse sammeln und Zusammenhänge in der Natur bewusst erleben. Es

© NABU / Simon Martinelli

Insektenzählung mitten in der Stadt

geht also um viel mehr als nur um Zahlen. Das Herzstück der Mitmachaktion ist es vielmehr, die Erkenntnis zu wecken: Insekten sind spannend und extrem wichtig für uns alle!

Bis zu einer Stunde sollen die Teilnehmenden die Insekten zählen und ihre Meldung über ein Online-Formular oder per NABU-Insektensommer-App einreichen. 2020 wurde erstmals die Entdeckungsfrage eingeführt. Sie soll Interessierten den Einstieg erleichtern und konzentriert sich auf wenige thematisch ausgewählte Arten. Es ist dabei möglich, nur die spezielle Entdeckungsfrage zu beantworten, lediglich allgemein Insekten zu zählen oder beides zu kombinieren.

Durchschnittlich nahmen bisher pro Jahr 15000 Menschen teil und trugen bis zu 100000 Detailbeobachtungen zusammen. Anhand der zahlreichen Daten lassen sich Häufigkeiten und langfristige Trends von Arten und Populationen abschätzen. Da die Mehrheit der Meldungen zu Insektenbeobachtungen bisher aus den Bereichen Garten, Park und Balkon stammten, können so Insektenvorkommen in Siedlungsbereichen dokumentiert und teilweise eher lückenhafte Datenbestände geschlossen werden.

Internet: http://www.insektensommer.de

3.3 | NABU Batnight (Fledermausaktion)

Sebastian Kolberg

Initiiert wurde die European Batnight 1997 vom EUROBATS-Sekretariat, dem Verwaltungsorgan des Abkommens zur Erhaltung der europäischen Fledermauspopulationen (UNEP/EUROBATS) mit Sitz in Bonn. Bis heute haben 38 Staaten das 1991 verabschiedete Abkommen ratifiziert (Stand: November 2021). Da die Aktion seit 2012 ebenfalls in Ländern Amerikas und Afrikas stattfindet, wurde aus der European Batnight die International Batnight. Sie wird damit in über 38 Ländern und in mehr als 40 Sprachen jeweils am letzten Wochenende im August durchgeführt.

Ziel der International Batnight ist es, durch öffentlichkeitswirksame Aktionen den Menschen die Lebens- und Verhaltensweisen der Fledermäuse näherzubringen. Der Mensch spielt dabei eine wichtige Rolle, da Gebäude von vielen Fledermäusen als Winter- und Sommerquartiere genutzt werden. Verständnis für diese Tiere zu wecken, ist für ihren Schutz daher von großer Bedeutung. In Deutschland organisiert der NABU die Batnight. Bundesweit werden jährlich durchschnittlich 200 Veranstaltungen und Aktionen ausgerichtet.

Gewöhnliche Zwergfledermaus
(*Pipistrellus pipistrellus*)

Fledertiere: Dazu gehören weltweit circa 200 Flughund- und 1030 Fledermausarten, sie sind nach den Nagetieren die artenreichste Ordnung der Säugetiere überhaupt – und ständig werden neue Arten entdeckt. Die meisten dieser auch als Handflügler bezeichneten Tiere leben in tropischen Regenwäldern. In Europa kommen über 50 Fledermausarten und eine Flughundart vor, in Deutschland sind es 25 Fledermausarten.

Gemäß der Roten Liste aus dem Jahr 2020 gelten in Deutschland vier Arten als stark gefährdet, drei davon sind sogar vom Aussterben bedroht. Lediglich neun Arten werden darin als ungefährdet eingestuft.

Internet: https://nabu.de/batnight

3.4 NABU-naturgucker.de – Tiere, Pflanzen und Pilze melden

Stefan Munzinger, Gaby Schulemann-Maier

Seit Februar 2008 können auf NABU-naturgucker.de Beobachtungen von Tieren, Pflanzen und Pilzen aus aller Welt gemeldet werden. Unter ganzheitlichen Gesichtspunkten wird hier die Vielfalt der Natur abgebildet. Gleichzeitig ist NABU-naturgucker.de ein soziales Netzwerk für Naturbegeisterte. Über 110000 Menschen sind daran beteiligt und es wurden bereits rund 14 Millionen Naturbeobachtungen und mehr als 2,5 Millionen Naturbilder/-videos hochgeladen (Stand: Mai 2022). Im Mittelpunkt steht das Wecken der Begeisterung für die Natur und das Beobachten. Deshalb lautet das Motto: «Naturgucken macht Spaß und schafft Wissen.»

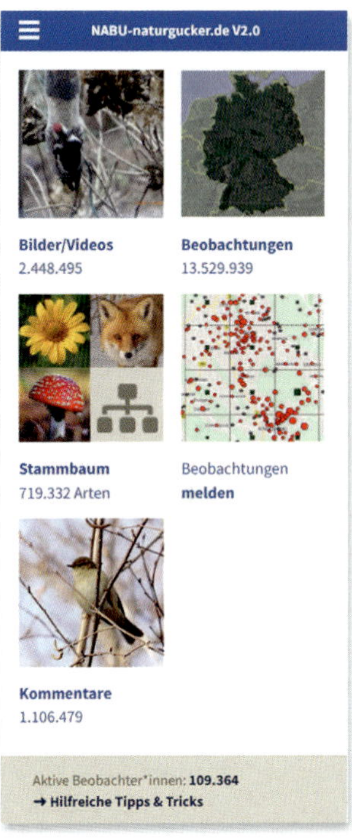

Auf NABU-naturgucker.de wird allen Interessierten ein persönliches und kostenlos nutzbares Datenzentrum bereitgestellt, in dem alle Beobachtungen und Naturbilder sowie -videos zusammengefasst und verwaltet werden können. Darüber hinaus ist das Anschauen der Inhalte anderer Aktiver möglich.

Im Stammbaum, auf Karten sowie in Phänologie-Diagrammen gibt es weiterführende Informationen zu den Arten, Gattungen usw. Integrierte Erkennungshilfen, die auf Künstlicher Intelligenz basieren, unterstützen beim Bestimmen verschiedener Insektenordnungen.

Es besteht die Möglichkeit, sich mit anderen Naturinteressierten mittels der Kommentarfunktion sowie systeminterner E-Mails auszutauschen, etwa indem einander beim Bestimmen von Arten geholfen wird. Außerdem ist eine Vernetzung möglich; der eigene Freundeskreis lässt sich individuell aufbauen und verwalten. Ohne eine solche freundschaftliche Vernetzung können Daten nicht nach Beobachterinnen und Beobachtern gefiltert werden. Dies dient dem Schutz der Privatsphäre.

Um Beobachtungsdaten, Bilder und Videos zu betrachten, muss niemand bei NABU-naturgucker.de registriert sein oder bestimmte Mengenauflagen beim Melden von Beobachtungen erfüllen. Sämtliche Inhalte sind frei einsehbar. Einzig als sensibel eingestufte Beobachtungen sowie Artangaben an Bildern und Videos bleiben der Allgemeinheit verborgen. Den kooperierenden Naturschutzverbänden wie dem NABU stehen sie vollständig für ihre Arbeit zur Verfügung.

Die Plausibilität der Beobachtungsdaten ist mit 98 % sehr gut. Über drei Ebenen wird diese hohe Qualität erreicht:

- Fachhinweise während der Erfassung der Beobachtungen,
- transparente, nachvollziehbare Kommentierung von Beobachtungen, Bildern und Videos durch die Aktiven und
- Hilfestellungen durch den NABU-naturgucker.de-Fachbeirat.

Besonders tragfähig ist die Datenbasis zu häufigen und/oder leicht bestimmbaren Arten. Zahlreiche Forschende haben die Daten von NABU-naturgucker.de schon für ihre wissenschaftlichen Untersuchungen genutzt.

Träger des Projektes ist die naturgucker.de gemeinnützige eG, Mitglieder sind unter anderem die NABU-Landesverbände aus Hessen und Rheinland-Pfalz. Seit 2016 besteht eine strategische Partnerschaft mit dem NABU-Bundesverband. Derzeit arbeitet NABU-naturgucker.de mit über 100 Naturschutzorganisationen und Partnern zusammen. Überdies werden die Beobachtungsdaten auf internationaler Ebene mit der Global Biodiversity Information Facility (GBIF) ausgetauscht.

Neben der «klassischen» Internetseite, wie sie auf den Bildschirmen von Desktop-PCs, Macs oder Laptops angezeigt wird, gibt es eine deutlich schlankere mobile Seitenversion für all jene, die mit kleineren Endgeräten NABU-naturgucker.de besuchen. Für das Melden von Beobachtungen während der Exkursionen stehen verschiedene kostenlose Apps zur Verfügung.

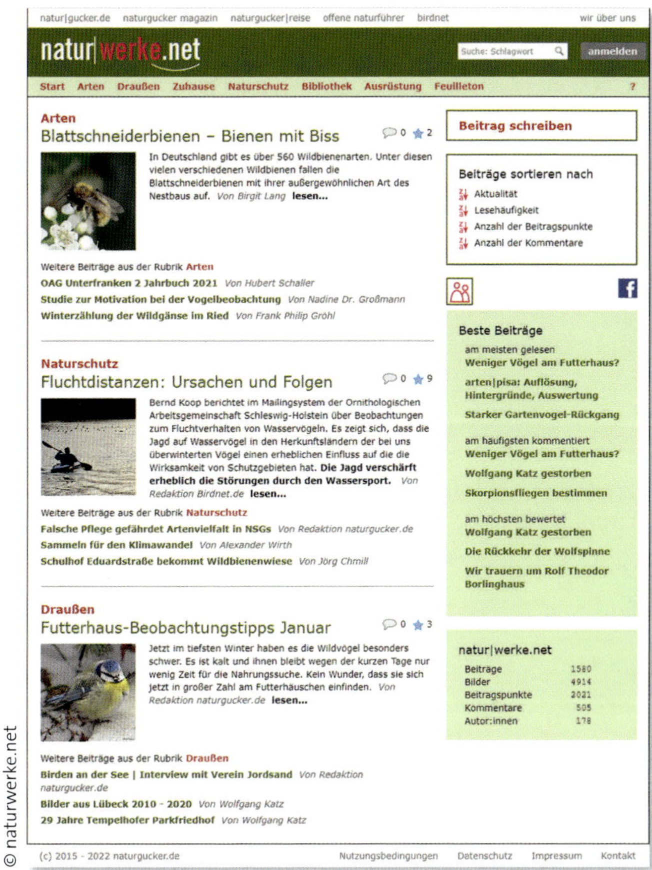

Seit September 2015 gibt es mit naturwerke.net eine Blog-Plattform, die mit den Zugangsdaten von NABU-naturgucker.de zum Veröffentlichen eigener Textbeiträge genutzt werden kann. Dort finden sich öffentlich einsehbare Artikel rund um Naturthemen, angefangen bei Artinformationen über Ausrüstungstipps bis hin zu naturkundlichen Reiseberichten.

Internet: https://naturwerke.net

3.5 Ornitho

Stefan Munzinger, Gaby Schulemann-Maier

Ihre Beobachtungen melden etliche Vogelbegeisterte auf Seiten des Ornitho-Portalverbundes. Seit Oktober 2011 gibt es für Deutschland Ornitho.de, daneben werden entsprechende Portale unter anderem für Österreich, Luxemburg und die Schweiz betrieben. Sie alle basieren auf derselben Grundstruktur. Rechtsträger von Ornitho.de ist der Dachverband Deutscher Avifaunisten (DDA) e. V.

Ornitho.de versteht sich selbst primär als System zur Dateneingabe und kann zu Recherchezwecken genutzt werden – Letzteres jedoch unter Auflagen: Freie Datenbankabfragen stehen nur dann zur Verfügung, wenn eine Person selbst durchschnittlich mindestens zehn Beobachtungen pro Monat meldet. Ansonsten sind lediglich eigene Beobachtungen und die Daten anderer Aktiver der letzten 14 Tage einsehbar.

Jede natürliche und juristische Person kann sich kostenlos registrieren. Hochgeladen werden können eigene Vogelbeobachtungsdaten sowie Foto- und Tondokumente aus den Ländern, in denen der Portalverbund aktiv ist. Daten und Medien zu anderen Artengruppen werden nicht akzeptiert. Es besteht die Möglichkeit, Beobachtungen sensibler Vogelarten zu schützen. Ergänzend zum

© ornitho.de

Online-Auftritt steht die kostenlose App «NaturaList» zum Melden von Beobachtungen auf allen Ornitho-Seiten zur Verfügung.

Die Nutzungsbedingungen sehen vor, dass die Anwenderinnen und Anwender dem DDA und gegebenenfalls den Fachpartnern die Beobachtungsdaten, Foto- und Tondokumente zur rückwirkenden unwiderruflichen Nutzung zur Verfügung stellen. Beendet eine Person ihre Mitarbeit, bleibt die Nutzungsberechtigung für die von ihr hochgeladenen Daten und Medien bestehen. Vom Moment der Datenübermittlung an können eigene Daten während eines Zeitraumes von 30 Tagen geändert oder gelöscht werden. Nach dieser Frist ist dies nur noch über den zuständigen Regionalkoordinator möglich. Laufend findet eine Prüfung der eingegebenen Beobachtungsdaten durch über 500 fachkundige Personen statt.

Internet: https://www.ornitho.de/

3.6 | Weitere Projekte in Deutschland

Stefan Munzinger, Gaby Schulemann-Maier

Seit geraumer Zeit wird – gern unter dem Stichwort Bürgerwissenschaften oder Citizen Science – bei einer Reihe von Projekten auf die Beteiligung engagierter Naturinteressierter gesetzt. Einige dieser Projekte sind seit mehreren Jahren etabliert. Andere sind dagegen noch relativ neu, und es ist bereits abzusehen, dass künftig weitere Aktionen hinzukommen werden.

Oft fokussieren Mitmach-Vorhaben entweder auf mehr oder minder eng begrenzte Regionen Deutschlands, oder sie konzentrieren sich auf einzelne Arten(gruppen). Für jene Naturbegeisterten, die sich lokal oder in Bezug auf ihre Lieblings-Artengruppe einbringen möchten, kann eine Beteiligung deshalb durchaus erfüllend sein.

Kritisch anzumerken ist aber, dass nicht in allen Projekten vorgesehen ist, die gesammelten Beobachtungsdaten mit anderen Aktiven auszutauschen oder zu teilen. Daraus ergeben sich zwei Hauptprobleme.

Das Erste betrifft die Menschen, die mitmachen. Obwohl sie von der Naturbeobachtung begeistert sind, empfinden es viele Aktive als unbefriedigend, ihre Aktivitäten quasi zu zerstückeln: Pflanzen bei Projekt A melden, Schmetterlinge bei Projekt B und andere Tiere bei Projekt C. In der Regel beteiligen sich die Menschen freiwillig und ehrenamtlich an entsprechenden Vorhaben. Sollen sie

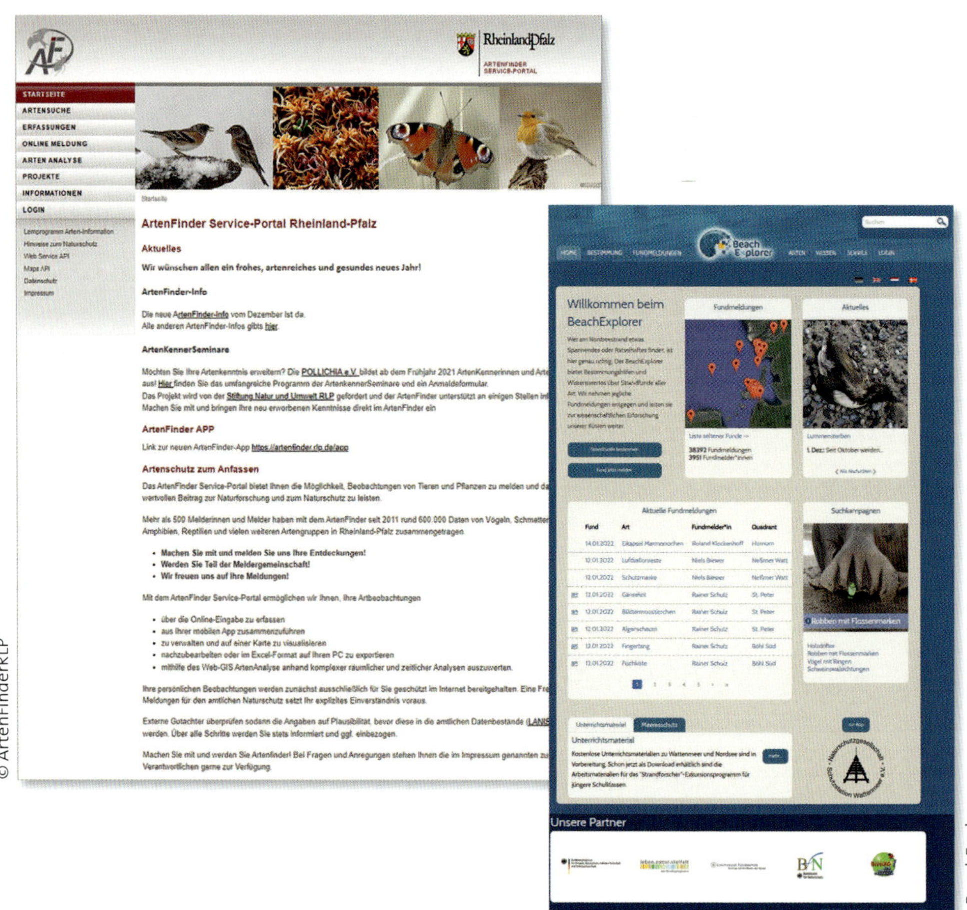

ihr Engagement auf mehrere voneinander unabhängige Projekte aufteilen, die dann womöglich nicht einmal die Daten untereinander austauschen, ist das Mitmachen für sie mit einem deutlichen Mehraufwand verbunden. Oftmals wird dieser als lästig empfunden. Es besteht das ernst zu nehmende Risiko, dass sie letztlich irgendwann dazu nicht mehr bereit sind und ihre Aktivitäten einstellen.

Aus Sicht der Forschung und des Naturschutzes gibt es ein weiteres Problem: Dadurch, dass die Naturbeobachtungsdaten auf verschiedene Projekte verteilt, also fragmentiert vorliegen und teils nicht öffentlich zugänglich sind, nutzen sie wenig bis gar nicht.

All jenen, denen ein hoher Nutzwert der von ihnen gesammelten Naturbeobachtungsdaten wichtig ist, sei empfohlen, sich über die Projektziele und den jeweiligen Umgang mit den Daten zu informieren. Als Alternative bietet sich an, bei einer überregionalen und nicht artengruppen-spezifischen Meldeplattform aktiv zu werden, die die gesammelten Naturbeobachtungsdaten Forschenden und im Naturschutz Aktiven frei zugänglich macht.

Im Folgenden nennen wir exemplarisch einige nationale Mitmach-Projekte. Viele weitere (und zumeist eher kleine Projekte) lassen sich durch gezielte Internet-Recherchen finden.

© Zeit der Schmetterlinge

© Insekten Sachsen

Einige nationale Projekte im Überblick

	Geografischer Schwerpunkt	Arten (-gruppen)	Erfassungszeitraum	Datenaustausch mit NABU-naturgucker.de
ArtenFinder Rheinland-Pfalz	Rheinland-Pfalz	Tiere und Pflanzen	ganzjährig	ja
https://artenfinder.rlp.de/				
BalticExplorer	Strände der Ostsee	Tiere, Pflanzen und Treibgut (inkl. Müll)	ganzjährig	nein
https://www.balticexplorer.org/				
BeachExplorer	Strände der Nordsee	Tiere, Pflanzen und Treibgut (inkl. Müll)	ganzjährig	ja
https://www.beachexplorer.org/				
Insekten Sachsen	Sachsen	Insekten	ganzjährig	nein
https://www.insekten-sachsen.de/				
Tagfalter-Monitoring	ganz Deutschland	Tagfalter	während der gesamten Flugzeit der Tagfalter (Frühling bis Herbst)	nein
http://www.tagfalter-monitoring.de/				
Zeit der Schmetterlinge	Nordrhein-Westfalen	Tagfalter	jährlich 15. Juni bis 15. Juli	ja
https://nrw.nabu.de/tiere-und-pflanzen/aktionen-und-projekte/zeit-der-schmetterlinge/zaehlaktion/				

© Winfried Rusch

Leider selten geworden – der Europäische Laubfrosch (*Hyla arborea*)

3.7 Internationale Projekte

Stefan Munzinger, Gaby Schulemann-Maier

In vielen anderen Ländern hat die Naturbeobachtung als Hobby einen ähnlich hohen Stellenwert wie in Deutschland – oder sogar einen deutlich gewichtigeren. Mehrere große und unzählige kleinere Projekte arbeiten je nach Ausrichtung mit lokalem oder multi- bis internationalem Schwerpunkt. Sie fokussieren entweder einzelne Artengruppen oder es können dort alle Sichtungen von Tieren, Pflanzen und Pilzen gemeldet werden.

Für die internationalen Meldeplattformen gilt hinsichtlich der Vor- und Nachteile bei der Nutzung dasselbe wie für die im vorangegangenen Kapitel beschriebenen weiteren deutschen Projekte. Außerdem sei anzumerken, dass nicht jedes internationale Projekt eine Webseite in deutscher Sprache anbietet, was für einige Interessierte eine Hürde sein könnte.

In der nachfolgenden Tabelle nennen wir exemplarisch einige der größeren und kleineren internationalen Projekte.

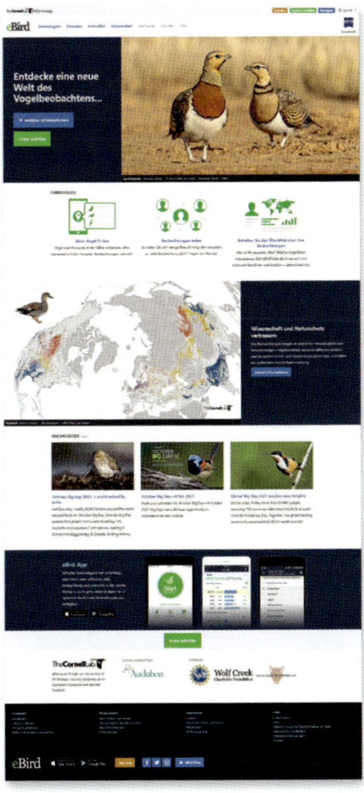

© eBird

© iNaturalist

Einige internationale Projekte im Überblick

	Geografischer Schwerpunkt	Arten (-gruppen)	Erfassungszeitraum	Datenaustausch mit GBIF*
eBird	weltweit	Vögel	ganzjährig	ja
https://ebird.org/				
iNaturalist	weltweit	Tiere, Pflanzen und Pilze	ganzjährig	ja
https://www.inaturalist.org/				
iSpot	hauptsächlich Europa und Afrika	Tiere, Pflanzen und Pilze	ganzjährig	ja
https://www.ispotnature.org/				
Observation.org	weltweit	Tiere, Pflanzen und Pilze	ganzjährig	ja
https://www.observation.org/				

* GBIF = Global Biodiversity Information Facility, https://www.gbif.org/

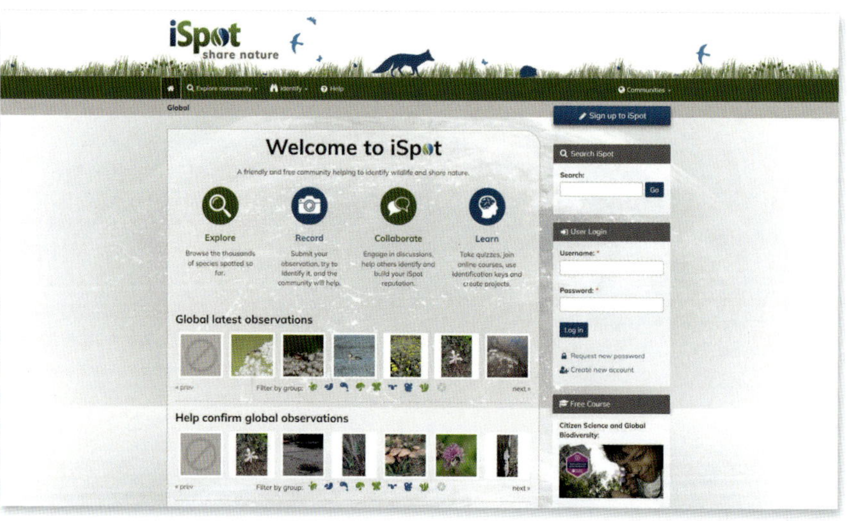

© iSpot

4 Verschiedene Artengruppen beobachten und dokumentieren

Stefan Munzinger, Gaby Schulemann-Maier

Vielen Naturbegeisterten reicht es irgendwann nicht mehr, draußen Tiere, Pflanzen und Pilze einfach nur anzusehen. Sie fragen sich: Welche Arten habe ich eigentlich gesehen? Manches lässt sich leicht bestimmen, andere Arten stellen uns vor große Herausforderungen.

Jede Artengruppe hat charakteristische Merkmale, auf die wir unser Augenmerk richten können. Doch nicht immer sind dies die Dinge, die uns als Erstes auffallen. Beispielsweise reicht es häufig nicht, einfach nur die Blüten von Pflanzen anzuschauen. Vielmehr sollten wir auch das Aussehen der Blätter betrachten. Bei einer Reihe von Schmetterlingen finden sich bestimmungsrelevante Merkmale auf der Unterseite der Flügel und nicht auf deren Oberseite, wie oftmals intuitiv angenommen wird. Damit Sie ein Gespür dafür entwickeln können, welche Details bei den einzelnen Artengruppen bestimmungsrelevant sind, stellen wir diese in den folgenden Kapiteln vor.

Das Berücksichtigen weiterer Aspekte wie Lebensräume, Jagdmethoden, Nahrungspflanzen, bestimmte Verhaltensweisen oder Lautäußerungen hilft uns beim Ergründen, um welche Arten es sich handeln könnte. Wer in die Bestimmung von Arten einsteigt, wird schnell feststellen, dass sich zwar nicht jedes Rätsel lösen lässt. Doch es warten viele faszinierende Details darauf, erkundet zu werden. Also wird das Staunen über die mannigfaltigen Wunder der Natur größer, je mehr wir zu wissen glauben.

Am leichtesten fällt vielen Menschen der Einstieg in die Naturbeobachtung und Artbestimmung, wenn sie sich an jemanden wenden können, der bereits über viel Erfahrung verfügt und diese gern teilt. Lokale Gruppen von Naturschutzvereinen und -verbänden, darunter der NABU, veranstalten oft geführte Exkursionen. Sie bieten ideale Gelegenheiten, Kontakte zu knüpfen.

Vieles lässt sich zudem unterstützt durch weitere Hilfsmittel kennenlernen und bestimmen. Auf NABU-naturgucker.de gibt verschiedene Möglichkeiten, die das Bestimmen von Arten unterstützen. Im Kapitel «Tipps und Werkzeuge für das Bestimmen von Arten» stellen wir die gängigen vielfältigen Bestimmungshelfer vor.

Indem das Beobachtete und erfolgreich Bestimmte dokumentiert wird, können die Daten dem Naturschutz und der Forschung zugutekommen. Dabei ist es wichtig, nicht nur Besonderheiten zu dokumentieren. Lebensräume zeichnen sich durch das komplexe Zusammenspiel der in ihnen beheimateten Arten aus, die auf sich gestellt teils nicht lang überleben würden. Deshalb empfiehlt es sich, so viel wie möglich zu dokumentieren, darunter eben genauso das – aus heutiger Sicht – Gewöhnliche. Denn wer kann schon wissen, wie sich die Bestände der verschiedenen Arten in den kommenden Jahren entwickeln werden? Je mehr Beobachtungsdaten heute zusammengetragen werden, desto besser wird die Datenlage in der Zukunft sein.

Beobachtungen aufzuschreiben, ist ein guter Anfang. Das «Wie?» ist dabei aber entscheidend. In einem Notizbuch, das zu Hause auf dem Schreibtisch liegt, helfen die Beobachtungsdaten Forschenden und im Naturschutz tätigen Menschen meist wenig. Wünschenswert wäre es stattdessen, Beobachtungen bei Mitmach-Aktionen oder auf Meldeplattformen zu dokumentieren, etwa auf NABU-naturgucker.de. Wer möchte, kann die Daten draußen gleich per App auf dem Smartphone erfassen.

Damit mit den Beobachtungsdaten später sinnvoll gearbeitet werden kann, sind zusätzliche Angaben nützlich und wertvoll. Dazu gehört beispielsweise, ob bei Tieren erwachsene Individuen oder (zusätzlich) Junge beziehungsweise Nistverhalten gesehen wurden. Ist Letzteres der Fall, pflanzen sich die Arten wahrscheinlich im jeweiligen Gebiet fort. Vermerken Sie deshalb so viele Details wie möglich zu Ihrer Beobachtung. Zum Beispiel:

1 Blaugrüne Mosaikjungfer (*Aeshna cyanea*), männlich, adult (frisch), fressend.
2 Blaugrüne Mosaikjungfern (*Aeshna cyanea*), weiblich, adult, Eiablage.

Diese Datensätze lassen folgende Rückschlüsse zu: Tiere beiden Geschlechts kommen dort vor, das Männchen ist vor nicht allzu langer Zeit geschlüpft, und es konnte im Gebiet Beute machen. Folglich gibt es zumindest im Moment Nahrung für die Libellen. Die Weibchen müssen sich im Vorfeld gepaart haben, da sie Eier legen. Somit kann sich die Art in dem Gebiet mit einer gewissen Wahrscheinlichkeit fortpflanzen.

Von Belang sind zusätzlich Angaben zur Uhrzeit oder Zeitspanne der Beobachtung, zu Wetter- und Sichtbedingungen oder die Angabe, ob Sie alle gesehenen Arten beziehungsweise nur die Besonderheiten zum Melden ausgewählt haben. Angaben zu anderen Begleitumständen, wie beispielsweise genutzte technische Hilfsmittel und weiteren Menschen, die beim Beobachten dabei waren, sind ebenso sinnvoll.

Tipp:

Viele dieser allgemeinen Angaben zu den Beobachtungen lassen sich auf NABU-naturgucker.de einmal für eine gesamte Beobachtungsliste hinterlegen. Möglich ist dies unter «Exkursionsinformationen».

1: Damhirsch (*Dama dama*); 2: Judasohr (*Auricularia auricula-judae*); 3: Turmfalke (*Falco tinnunculus*); 4: Braunbürstige Hosenbiene (*Dasypoda hirtipes*); 5: Roter Fingerhut (*Digitalis purpurea*); 6: Weinbergschnecke (*Helix pomatia*); 7: Gemeiner Sonnenbarsch (*Lepomis gibbosus*); 8: Erdkröte (*Bufo bufo*); 9: Gemeine Wasserassel (*Asellus aquaticus*); 10: Polster-Kissenmoos (*Grimmia pulvinata*); 11: *Neomolgus littoralis*, eine Milbenart; 12: Erdläufer (Geophilidae)

4.1 Amphibien

Dominik Heinz

Amphibien (Amphibia) sind eng ans Wasser gebunden, weil die Larvenentwicklung der in Deutschland einheimischen Amphibien fast ausschließlich darin erfolgt. Erwachsene Tiere suchen zumindest für eine kurze Zeit im Jahr zur Fortpflanzung Gewässer auf, in welche sie ihre Eier (den Laich) oder die Larven absetzen.

Es gibt zwei Gruppen der bei uns heimischen Amphibien: Froschlurche (Anura) und Schwanzlurche (Caudata). Froschlurche erkennt man an der froschähnlichen Körperform. Sie besitzen als ausgewachsene Tiere keinen Schwanz, und die Hinterbeine sind meist deutlich länger als die Vorderbeine. An Land bewegen sie sich hüpfend oder kriechend fort.

Zu den Froschlurchen gehören nicht nur Frösche wie der Grasfrosch (*Rana temporaria*) und der Laubfrosch (*Hyla arborea*), sondern gleichfalls Kröten wie zum Beispiel die Erdkröte (*Bufo bufo*). Kröten besitzen im Gegensatz zu den glatthäutigen Fröschen eine drüsenreiche Haut, die warzig und rau erscheint. Frösche haben längere Hinterbeine als Kröten, wodurch sie ein größeres Sprungvermögen besitzen. Bei der Bestimmung kann die Hautfarbe der Froschlurche behilflich sein, jedoch gibt es bei einigen Arten sehr variable Farbformen. Beispielsweise sind viele Erdkröten unregelmäßig braun, daneben gibt es aber auch orangerot gefärbte Individuen.

Nach dem Schlüpfen aus dem Ei bis zum erwachsenen Tier vollziehen Froschlurche eine vollständige Umwandlung (Metamorphose). Zunächst beginnen bei den Larven, Kaulquappen genannt, die Hinterbeine vor dem Ruderschwanz zu sprießen. Langsam bilden sich die Kiemen zurück, und die Vorderbeine wachsen in der Körperhülle heran, bevor sie sie durchstoßen. Zuletzt bildet sich der Ruderschwanz zurück. Nach Niederschlägen oder bei hoher Luftfeuchtigkeit verlassen die kleinen Froschlurche manchmal zu Tausenden gleichzeitig ihre Entwicklungsgewässer und begeben sich auf den Weg in ihren Landlebensraum. Dieses Massenauftreten wird Froschregen genannt.

Die Schwanzlurche, zu denen die Molche und Salamander gehören, sind an ihrem hinter den Hinterbeinen ansetzenden Schwanz zu erkennen. An Land ist ihre Fortbewegung ausschließlich kriechend. Dass sie in allen Entwicklungsstadien einen Schwanz besitzen, zeichnet diese Tiere aus. Larven der Schwanzlurche atmen über außenliegende Kiemen. Während der Metamorphose bilden sich diese büscheligen Kiemen zurück, und die Lungen entwickeln sich.

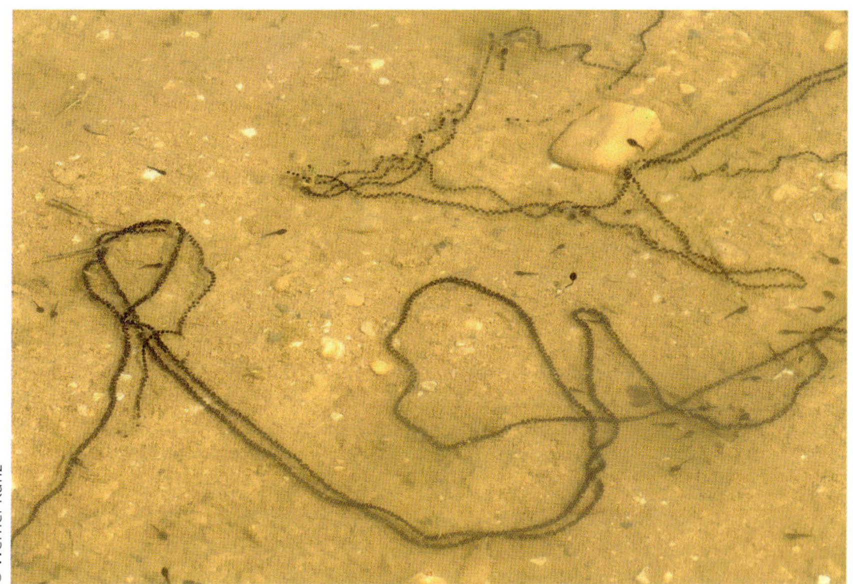

© Werner Kunz

Kreuzkröten (*Epidalea calamita*) legen lange Laichschnüre.

© Hartmut Mai

Nach der Paarung übergeben weibliche Geburtshelferkröten (*Alytes obstetricans*) den Männchen ihren Laich.

Bestimmen

Froschlurche

Neben der Bestimmung anhand des äußeren Erscheinungsbildes (Habitus) lassen sich Froschlurcharten an ihren charakteristischen Balzrufen erkennen. Der lauteste unserer Froschlurche ist der Laubfrosch. Er erreicht Lautstärken von bis zu 90 dB.

Bei der Bestimmung über den Habitus gibt es mehrere hilfreiche Merkmale. Am Kopf eines Frosches befindet sich schräg hinter dem Auge das Trommelfell. Es ist eine kreisrunde Vertiefung, die gemeinhin etwas kleiner als das Auge ist. Im Unterschied dazu ist dort bei einer Kröte ein leicht hervorstehendes Drüsenfeld zu sehen. Kröten haben eine rau und warzig wirkende Haut, die der Frösche ist glatt und in vielen Fällen eher glänzend. Die Augen und die Form der Pupillen können wertvolle Hinweise liefern. Beispielsweise sind die Pupillen der Gelbbauchunke (*Bombina variegata*) und der Rotbauchunke (*Bombina bombina*) herzförmig, Geburtshelferkröten (*Alytes obstetricans*) haben hingegen einen senkrechten Pupillenschlitz.

Anhand der Fußsohle der Hinterbeine mit dem Fersenhöcker lassen sich zum Beispiel der Grasfrosch und der Moorfrosch *(Rana arvalis)* unterscheiden, dasselbe gilt für Grünfrösche wie den Wasserfrosch (*Pelophylax esculentus*) und den Seefrosch (*Pelophylax ridibundus*).

Männliche und weibliche Froschlurche sehen einander sehr ähnlich. Lediglich während der Fortpflanzungszeit lassen sich die Männchen an den Brunftschwielen erkennen, die sie an den Vorderbeinen tragen. Dabei handelt es sich

An einigen Tagen im zeitigen Frühling sind männliche Moorfrösche (*Rana arvalis*) blau.

um raue, verhornte Hautschichten, die recht dunkel sind. Meist ist der Daumen und teilweise sogar der Unterarm der Tiere verdickt. Dies hilft den Männchen, sich während der Paarung an den Weibchen festzuhalten.

Ihre Eier legen die meisten unserer heimischen Froschlurche im Wasser. Dagegen paart sich die Geburtshelferkröte an Land. Dabei wickelt sich das Männchen die Laichschnüre um die Hinterbeine und trägt die Eier anschließend mit sich, bis die Larven etwa 1,5 cm groß sind. Dann erst bringt das Männchen sie zu einem Gewässer, wo der Nachwuchs aus den Eihüllen schlüpft.

Schwanzlurche

Schwanzlurche sind ausschließlich in Bezug auf ihren Habitus zu bestimmen, denn sie geben keine Balzrufe von sich. Sie lassen sich ebenfalls in zwei Gruppen einteilen: die Molche und die Salamander.

Molche besitzen – insbesondere während der Fortpflanzungsperiode – einen stark ausgeprägten Sexualdimorphismus, Männchen sehen demnach anders aus als die Weibchen. Im Allgemeinen tragen die Männchen einen «Rückenkamm», der mehrheitlich am Kopfende beginnt und bis zum Rumpfende oder gar bis zur Schwanzspitze reichen kann. Durch ihn wirken sie größer, was sich positiv auf den Fortpflanzungserfolg auswirken kann. Für gewöhnlich sind die weiblichen Tiere schlichter gefärbt als die Männchen; zudem fehlt ihnen der Kamm.

Zur genauen Bestimmung hilft ein Blick auf die Färbung der Bauchseite der Molche. In Verbindung mit der Rückenfarbe ist so eine eindeutige Bestimmung unserer heimischen Molcharten möglich. Beispielsweise ist der Bergmolch (*Ichthyosaura alpestris*) an dem schieferblauen bis schwarzen Rücken und dem ziegelrot gefärbten, ungefleckten Bauch zu erkennen. Beim Nördlichen Kammmolch (*Triturus cristatus*) ist der Rücken ebenfalls schwarz, der Bauch ist orange mit großen schwarzen Flecken.

In Deutschland kommen aus der Gruppe der Salamander nur der Feuersalamander (*Salamandra salamandra*) und der Alpensalamander (*Salamandra atra*) vor. Den Feuersalamander kann man sehr leicht an der markanten schwarzgelben Körperzeichnung erkennen; der Alpensalamander ist schwarz.

Beim Ablaichen kleben die Schwanzlurche die Eier einzeln an Wasserpflanzen.

Beobachten: Wann und wo?

Amphibien sind wechselwarme Tiere, ihre Körpertemperatur hängt von der Umgebungstemperatur ab. Im Winter ziehen sie sich in frostfreie Bereiche im Boden, unter Steinen oder in Höhlen zurück, um die kalte Zeit in einer Kältestarre zu überdauern. Daher bieten laue Frühlings- und Sommernächte die besten Beobachtungsmöglichkeiten. Positiv auf die Aktivität von Amphibien wirken sich Niederschläge aus, da diese Tiere eine feuchte Umgebung bevorzugen.

In der Regel lassen sich Amphibien gut an und in ihren Reproduktionsstätten oder auf dem Weg dorthin beobachten. Alljährlich beginnt im Frühling ihre große Wanderung zu den Laichgewässern. Hierbei kann man die Individuen der Arten mit einem großen Wanderbereich deutlich öfter an Straßen oder Feldwegen antreffen. Typische Wanderer sind Erdkröte und Grasfrosch. Teichmolch (*Lissotriton vulgaris*) sowie Bergmolch und Nördlicher Kammmolch legen ebenso beachtliche Strecken zurück.

An den Laichgewässern angekommen, beginnt das Balzen und Werben der Männchen um eine Partnerin. Frösche und Kröten setzen hierbei auf Lautäußerungen. Dieses Quaken ist für jede Art einzigartig und ermöglicht eine akustische Bestimmung. Molche werben hingegen unter Wasser. Mit dem Schwanz wedeln die männlichen Tiere Duftstoffe (Pheromone) zu den Weibchen, um sie anzulocken. Es lohnt sich also, abends im Frühjahr an Tümpeln zu lauschen oder mit einer Taschenlampe in das Wasser zu leuchten.

Ein anderer Teil der Amphibien gehört zu den Pionierarten. Sie sind an sich verändernde Lebensräume angepasst. In unserer Landschaft sind diese Lebensräume in ihrer natürlichen Form durch die Änderung der Landnutzung und die Begradigung von Fließgewässern verloren gegangen. Deshalb haben sich die Pionierarten vielerorts in Bereiche zurückgezogen, in denen der Mensch eine Dynamik durch schwere Geräte wie Bagger, Radlader oder Panzer schafft. Hierzu gehören Sandgruben, Steinbrüche oder Truppenübungsplätze. In den Kleingewässern, die in diesen Gebieten eher beiläufig entstehen, fühlen sich Gelbbauchunke, Kreuzkröte (*Epidalea calamita),* Wechselkröte (*Bufo viridis*) und Geburtshelferkröte wohl. Hauptsächlich sind die Tiere ab der Dämmerung zu sehen; man hört dann auch ihre Balzrufe.

Feuersalamander und deren Larven trifft man oft an langsam fließenden Bächen in Laubwäldern an. Weibchen setzen ihre Larven im Frühjahr in diesen Gewässern ab. Häufig lassen sich die Larven in schwach strömenden Bereichen bei der Jagd auf Bachflohkrebse (*Gammarus* spec.) oder andere kleine Tiere beobachten.

Anhand der Eier (Laich) ist eine Bestimmung einer Amphibienart zumeist nicht sicher, eine Eingrenzung der Artengruppen ist jedoch möglich. So legen Kröten ihre Eier aneinandergereiht in Laichschnüren ab, für Frösche sind Laichballen typisch. Der Grasfrosch kann bis zu 5000 Eier in einem Laichballen ablegen, in einer Laichschnur der Erdkröte können sich bis zu 7000 Eier befinden.

© Jens Winter

Männlicher Teichmolch (*Lissotriton vulgaris*) in Wassertracht

© Ursula Spolders

Teichfrösche (*Pelophylax esculentus*) produzieren große Laichballen

© Hans Schwarting

Gelbbauchunken (*Bombina variegata*) haben herzförmige Pupillen

Dokumentieren

Es ist nicht nur spannend, wie viele Amphibien man in einem Gebiet gesehen hat, sondern auch, wie viele Männchen und Weibchen aufzufinden waren. Des Weiteren ist es wertvoll festzuhalten, ob man Jungtiere, Larven oder Laich beobachten konnte. Dies ist ein wichtiges Indiz dafür, dass sich die Tiere erfolgreich fortpflanzen können, und es lässt Rückschlüsse auf das Umfeld sowie die Lebensraumbedingungen zu.

Am besten sollten zu Dokumentationszwecken Fotos aus verschiedenen Perspektiven angefertigt werden:

- Je eine Gesamtaufnahme von oben, von der Seite und – sofern ohne Anfassen möglich – von unten (Färbung und Muster der Bauchseite sowie das Aussehen eventuell vorhandener Kämme helfen vor allem bei der Bestimmung von Molchen)
- Nahaufnahme des Kopfes, am besten seitlich (Frösche und Kröten: die Lage des Trommelfells oder das (Nicht-)Vorhandensein von Ohrdrüsen abbilden)
- Nahaufnahme der Augen (Pupillenform hilft bei der Bestimmung einiger Froschlurche)
- Fußsohle der Hinterbeine mit Fersenhöcker, sofern der Blick darauf möglich ist, ohne die Tiere anzufassen (hilfreich bei der Bestimmung einiger Froschlurche).

4.2 Blütenpflanzen

Pflanzen (Plantae) bilden ein eigenes Reich im großen Kosmos der Lebewesen der Erde. Schätzungen zufolge gibt es weltweit bis zu einer halben Million Pflanzenarten, die International Union for Conservation of Nature (IUCN) benennt rund 380000. Davon kommen circa 9500 in Deutschland vor.

Wie die Tiere, besitzen auch Pflanzen Zellkerne, ihre Zellwände bestehen aber anders als jene der Tiere aus Zellulose. Besonders sind die Fähigkeiten der Pflanzen, ihren Energiebedarf mit Licht zu decken (Fototropie) und ausschließlich mit anorganischen Nährstoffen (Autotrophie) auszukommen. In den wenigen Fällen, in denen dies nicht zutrifft, haben die betreffenden Arten diese Fähigkeiten nachträglich wieder verloren. Dies gilt etwa für Pflanzen, die mithilfe von Pilzen totes Pflanzenmaterial zersetzen (Mykoheterotrophie) oder als Parasiten andere Pflanzen direkt anzapfen. Zu Ersteren gehört unter anderem die Vogel-Nestwurz (*Neottia nidus-avis*), eine Orchideenart. Ein Beispiel für Parasiten ist die Gewöhnliche Schuppenwurz (*Lathraea squamaria*).

Die Gewöhnliche Schuppenwurz (*Lathraea squamaria*) parasitiert andere Pflanzen.

Pflanzen haben als «Primärproduzenten» für den Menschen eine große Bedeutung und werden vielfältig genutzt, etwa als Nahrung, Energielieferanten und Werkstoffe sowie als Heilmittel. Darüber hinaus stellen die Pflanzen mit dem Sauerstoff, den sie ausatmen, die wesentliche Grundlage atembarer Luft für die meisten Lebensformen auf der Erde bereit.

Bestimmen

Wegen der großen Fülle der bei uns heimischen Arten stellen uns etliche Pflanzen beim Bestimmen vor einige Hürden. Insbesondere als Neuling werden Sie nicht jedes Gewächs bis auf das Artniveau bestimmen können. Lassen Sie sich davon bloß nicht entmutigen. Es kann genauso ein Erfolgserlebnis sein, «nur» die jeweilige Familie oder Gattung benennen zu können. Bei manchen Gattungen sind sogar Spezialisten nicht dazu in der Lage, draußen in der Natur die Art zu erkennen.

Am besten folgen Sie bei der Bestimmung von Pflanzen den natürlichen Verwandtschaftsbeziehungen. Versuchen Sie, den nachfolgenden Text einmal anhand des Schaubildes nachzuvollziehen.

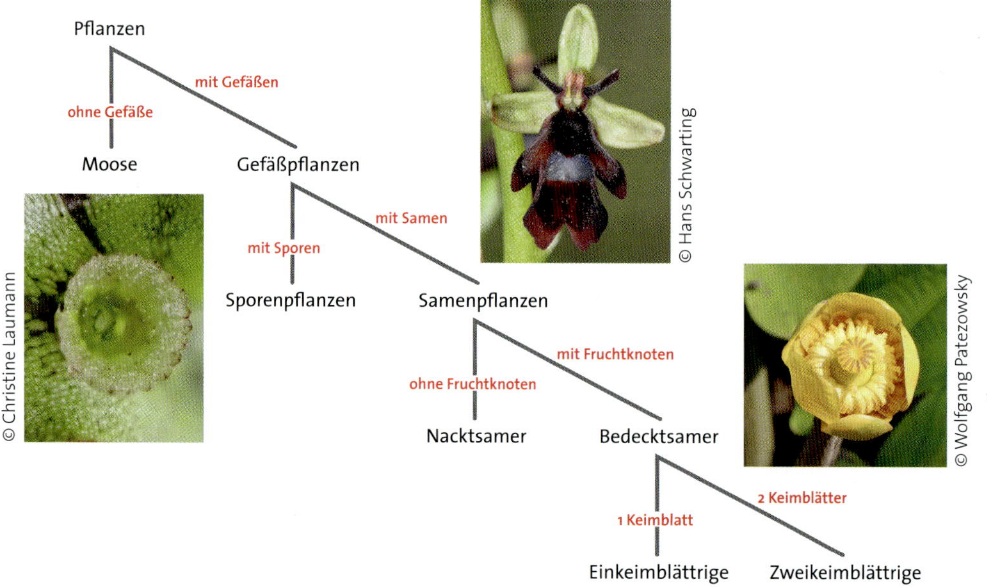

Auf der ersten Stufe unterscheidet man zwischen Gefäßpflanzen (mit Gefäßen zum Stofftransport, Tracheophyta) und Moosen (ohne Gefäße, mit eigenem Kapitel ab Seite 105). Innerhalb der großen Gruppe der Gefäßpflanzen trennt man zwischen Sporenpflanzen (Sporophyta), zu denen Farne und Schachtelhalme gehören, und Samenpflanzen (Spermatophyta); dies sind alle anderen Arten. Nun kann in der Gruppe der Samenpflanzen unterschieden werden zwischen Nacktsamern (Gymnospermae) wie den Nadelbäumen, bei denen die Samen nicht in einen Fruchtknoten eingeschlossen sind, und Bedecktsamern (Angiospermae), bei denen die Samen in einen Fruchtknoten eingeschlossen sind. In der großen Gruppe der eigentlichen Blütenpflanzen lässt sich anhand der Anzahl der Keimblätter zwischen Einkeimblättrigen (Monokotyledonen) und Zweikeimblättrigen (Dikotyledonen) differenzieren.

Dieser Stammbaum lässt sich zum Bestimmen nutzen, indem Sie einfach der Reihe nach die entsprechenden Fragen beantworten:

1. Hat Ihre Pflanze Gefäße?
2. Bildet Ihre Pflanze Sporen oder Samen?
3. Gibt es einen Fruchtknoten oder nicht?
4. Wie viele Keimblätter bildet Ihr Fundstück aus?

Grundsätzlich scheint das einfach zu sein, aber es ist nicht in jedem Fall leicht anzuwenden. Es fällt auf, dass auf unterschiedliche Merkmale zu achten ist, die wie Samen und Keimblätter an den Pflanzen nur selten zeitgleich vorkommen. Dessen ungeachtet sind solche auf Detailfragen basierenden Bestimmungsschlüssel Werkzeuge, an denen kein Weg vorbeiführt. Sie müssen aber nicht stets ganz vorne anfangen. Die meisten Farne und Moose erkennen viele Naturfreunde auf Anhieb. Nehmen wir einmal an, Sie wissen bereits, dass die von Ihnen gefundene Pflanze ein Veilchen (*Viola* spec.) ist, dann reicht es, einen Bestimmungsschlüssel für diese Gattung zu verwenden.

In vielen Fällen sind die ersten Bestimmungsschritte mittels eines Bildvergleichs möglich, etwa mithilfe des Stammbaums auf NABU-naturgucker.de. Dort können Sie sich entlang der Verwandtschaftsbeziehungen vergleichend durch alle Pflanzen klicken.

Wie für andere Artengruppen auch, gibt es für Pflanzen weitere charakteristische Kennzeichen/Eigenschaften für eine detaillierte Bestimmung.

Gruppenkennzeichen

Zum einen ist hier die **Lebensdauer** zu nennen:

- Einjährige, die nach dem Fruchten im selben Jahr (= selbe Vegetationsperiode) wiederabsterben,
- Zweijährige, die bis zum Blühen und Fruchten zwei Jahre (= zwei Vegetationsperioden) benötigen und
- Ausdauernde, sie werden in Extremfällen mehrere Tausend Jahre alt.

Die Langlebige Kiefer (*Pinus longaeva*) aus den Gebirgsregionen Nordamerikas kann beispielsweise knapp 5000 Jahre alt werden! In unseren Breiten sind es Eichen (*Quercus* spec.), Linden (*Tilia* spec.) und Eiben (*Taxus* spec.), die ein Alter von über tausend Jahren erreichen können.

Die Eibe (*Taxus baccata*) kann über tausend Jahre alt werden.

Zum anderen bildet die sogenannte **Lebensform** ebenso ein grundlegendes Kennzeichen. Neben holzigen und krautigen Pflanzen unterscheidet man zwischen Lebensformen, die Anfang des 20. Jahrhunderts von Raunkiær entwickelt wurden und vor allem nach der Form der Überwinterung gegliedert sind. Differenziert werden nach Lage (= Abstand zur Erdoberfläche) der Überwinterungsknospen fünf Typen:

- Phanerophyten (Knospen über 30 cm oberhalb des Bodens: Bäume und Sträucher)
- Chamaephyten (Knospen 1–30 cm über dem Boden: Zwergsträucher und Polsterpflanzen)
- Hemikryptophyten (Knospen direkt an der Bodenoberfläche)
- Geophyten (Knospen bzw. Überwinterungsorgane im Boden: Zwiebelpflanzen und dergleichen)
- Therophyten (Überwinterung als Samen).

Detailkennzeichen

Zum Bestimmen einer Pflanze sind darüber hinaus meist folgende Detailkennzeichen notwendig:

- Habitus (= äußere Gestalt)
- Belaubung (verteilt über den Stängel oder gehäuft am Grund als sogenannte Rosette)
- Einzelblatt (geteilt/ungeteilt, Form des Blattrandes, behaart/unbehaart etc.)
- Stängel (Querschnitt, mit Seitentrieben/ungeteilt, behaart/unbehaart etc.)
- Blütenstand (Einzelblüte/mehrere Blüten, Anordnung der Blüten (Blütenstand, zum Beispiel Ähre, Traube, Dolde, Körbchen usw.), mit Kelchblättern, ohne Kelch etc.).

Zahlreiche Einzelblüten bilden die Dolden des Gierschs (*Aegopodium podagraria*).

Oftmals werden hauptsächlich die Blütenstände und Blüten herangezogen, um Gruppen ähnlicher Pflanzen zu benennen, etwa Korbblütler (Asteraceae), Doldenblütler (Apiaceae) oder Lippenblütler (Lamiaceae).

Eine Botanikerlupe beziehungsweise Einschlaglupe hilft beim Erkennen der oben genannten Details. Dabei erleichtert ein größerer Linsendurchmesser die Nutzung. Bei mehrteiligen Modellen lässt sich die Vergrößerung variieren. Eine zehnfache Vergrößerung ist sinnvoll, um kleine Details erkennen zu können.

Beobachten: Wann und wo?

Eigentlich können Sie Pflanzen rund ums Jahr und überall finden. Leichter ist der Einstieg jedoch, wenn Sie zur Blütezeit anfangen, und am besten beginnen Sie nicht in einem Garten. Für die Bestimmung von Pflanzen sind die Blüten zentral. Obgleich es durchaus ohne sie geht, kann es dann doch deutlich komplizierter sein. Und Gärten liegen zwar meist direkt vor der Haustür. Im Falle der Pflanzen halten sie allerdings zahlreiche Schwierigkeiten bereit. Viele Gartenpflanzen sind von Menschen dorthin gebracht worden. Sie stammen ursprünglich aus fernen Erdteilen, oder sie können züchterisch verändert worden sein. Durch die Zucht sind Blätter plötzlich geschlitzt und nicht mehr ganzrandig, Blüten nicht mehr fünf-, sondern vielzählig oder «gefüllt». Eingeführte Zierpflanzen finden sich zumeist nicht in Bestimmungsbüchern über heimische Pflanzenarten. All dies macht die Bestimmung von Pflanzen aus dem Garten schwierig.

Für den Einstieg besser geeignet sind beispielsweise Gebüsche, Wegränder und Brachflächen sowie Wiesen. Zeitlich passt es bestens ab Ende Februar oder Anfang März, wenn die ersten Pflanzen bereits aufgrund ihrer Blüten gut entdeckt werden können.

Ein Meer aus Blüten der Besenheide (*Calluna vulgaris*).

Die größte Vielfalt treffen Sie in den Monaten Mai und Juni an. Wenn Sie in dieser Zeit in einem artenreichen Lebensraum unterwegs sind, kann die Gesellschaft einer fachkundigen Person hilfreich sein – beispielsweise während einer geführten Exkursion.

Für Pflanzen stellen extreme Lebensräume eine Herausforderung dar, sei es hinsichtlich der Nährstoff- und Wasserversorgung oder sei es angesichts großer Temperaturschwankungen. Gleichwohl sind gerade solche Habitate mehrheitlich besonders artenreich. Heute stehen sie oft unter Naturschutz, da die Land- und Forstwirtschaft die natürlichen Wachstumsbedingungen «verbessern» und damit solche Extreme zusehends seltener werden.

Um die noch vorhandenen artenreichen Lebensräume zu bewahren, beachten Sie unbedingt alle Naturschutzvorschriften und beschränken Sie sich bei der Dokumentation auf das Fotografieren. Außerhalb von Schutzgebieten spricht indessen nichts dagegen, beispielsweise im Herbst abgeworfenes Laub zu sammeln.

Dokumentieren

Früher wurden Nachweise in Form von Herbarbelegen (= getrocknete und gepresste Pflanzen) gesammelt. Heute ist das nach wie vor wissenschaftlich sinnvoll, da man aus diesen Pflanzenteilen noch nach Jahrzehnten DNA gewinnen kann. Doch im Bereich des persönlichen Naturbeobachtens reicht das detaillierte fotografische Dokumentieren für gewöhnlich aus. Erfolgt dies richtig, ist in der Regel eine Bestimmung anhand der Bilder sicher möglich. Wie immer gilt: Ausnahmen bestätigen diese Regel.

Fotografieren Sie folgende Motive, wenn Sie Pflanzen zur Bestimmung oder Dokumentation ablichten möchten:

- Gesamtbild der Pflanze (Habitus),
- Laubblatt, je von oben und unten (gibt es große Unterschiede, dann Einzelbilder mehrerer Blätter),
- Detailbild des Stängels,
- Blütenstand (= Gesamtheit aller Blüten an einem Stängel),
- Einzelblüte/Korbblüte je von der Seite, von oben und von unten,
- Frucht(stand) und
- Samen(kapsel).

Sie müssen je nach Pflanze entscheiden, was sinnvollerweise zu dokumentieren ist. Im Zweifelsfall fertigen Sie lieber ein paar Bilder mehr an. Zu viele Bilder fürs Bestimmen kann es an sich gar nicht geben.

4.3 Insekten

Gaby Schulemann-Maier

Unter den Tieren bilden die Insekten, auch Kerbtiere oder Kerfe genannt, die größte Klasse. Rund eine Million Arten wurden bislang wissenschaftlich beschrieben, es dürfte aber noch sehr viele weitere geben. Nach bisherigem Stand sind also circa 60 % aller wissenschaftlich beschriebenen Tierarten Insekten. Je nach Literaturquelle kommen in Deutschland 30000 bis 50000 Insektenarten vor. Selbst wenn wir vom kleineren Wert ausgehen, ist das eine nur schwer zu erfassende Vielfalt!

Naturinteressierte, die in die Beobachtung von Insekten einsteigen möchten, stehen vor einer anspruchsvollen Aufgabe. Ein nicht unerheblicher Teil der Arten lässt sich durch reines Anschauen nicht bestimmen. Um eine exakte Bestimmung der Art durchführen zu können, ist oft das Betrachten der Fortpflanzungsorgane unter einem Mikroskop erforderlich . Erschwert werden das Erkennen und Bestimmen zudem dadurch, dass Insekten in ihren unterschiedlichen Entwicklungsstadien vom Ei über die Larve und Puppe bis zum erwachsenen Individuum, Imago genannt, sogar innerhalb einer Art höchst unterschiedlich aussehen.

Ein sinnvoller Ansatz ist es, sich beim Einstieg in die komplexe Thematik kleine Ziele zu setzen. So ist es zum Beispiel schon eine beträchtliche Leistung, Käfer und Wanzen als solche sicher voneinander unterscheiden zu können, oder zu wissen, dass Ameisen zu den Hautflüglern gehören und demnach mit Bienen und Wespen verwandt sind. Wer akzeptiert, dass eine Bestimmung nicht in jedem Fall auf Artniveau erfolgen kann und sich beispielsweise (vorerst) damit zufriedengibt, einen Schmetterling als Weißling (Pieridae) zu erkennen, kann unter den bei uns heimischen Insekten viele spannende Entdeckungen machen.

Im Folgenden stellen wir die Besonderheiten einiger Insektengruppen vor. Hierbei haben wir uns daran orientiert, wie Neulinge sie wahrnehmen. Der Schwerpunkt liegt auf leicht zu findenden Arten. So vielgestaltig, wie die Insekten sind, so unterschiedlich sind die Details, die beim Beobachten und Fotografieren zu berücksichtigen sind.

Tipp:

Für die Mitmachaktion «Insektensommer» wurde eine Insekten-Erkennungshilfe entwickelt, die Fotos analysiert und ganzjährig zur kostenlosen Nutzung bereitsteht: https://nabu-naturgucker.de/app/Insektensommer, siehe S. 30.

Schwarzer Bär (*Arctia villica*)

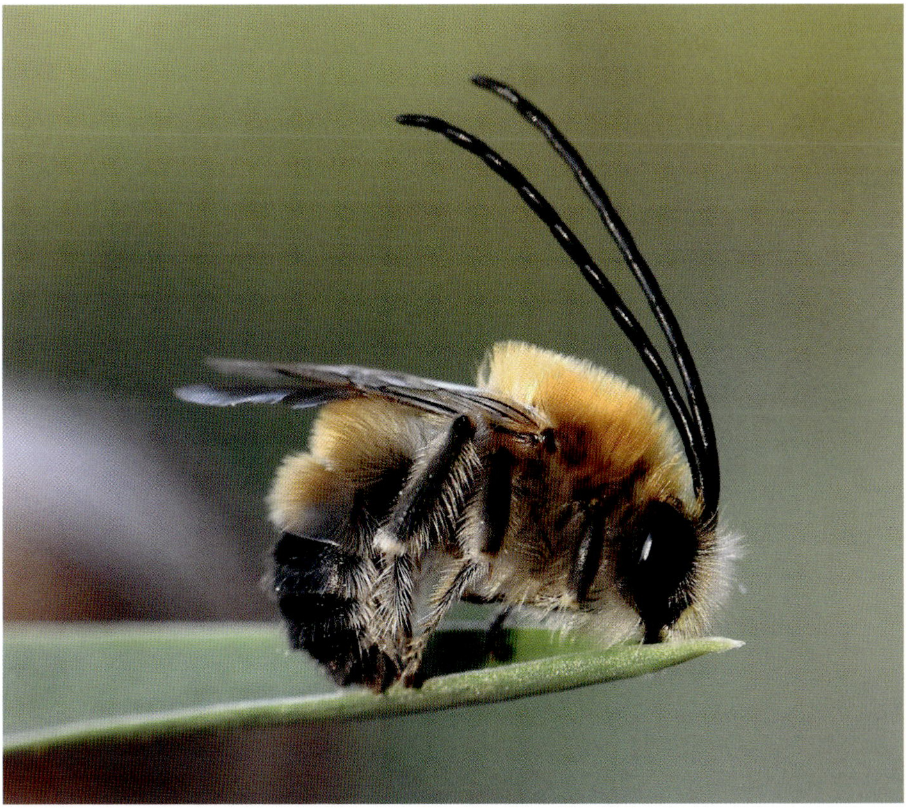

Mai-Langhornbiene (*Eucera nigrescens*)

4.3.1 Hautflügler

Gaby Schulemann-Maier

Weltweit kennt die Forschung derzeit etwa 156000 Arten aus der Ordnung der Hautflügler (Hymenoptera), allein in Deutschland sind circa 10000 heimisch. Zu dieser Insektenordnung gehören Bienen, Wespen und Ameisen. Obwohl ein großer Teil der Ameisen (die Arbeiterinnen) keine Flügel hat, sind sie Hautflügler. Ihre Geschlechtstiere – die Königinnen und die Männchen – sind geflügelt, und bei genauer Betrachtung fällt eine Ähnlichkeit mit manchen Wespen auf.

Zahlreiche Pflanzenarten werden von Hautflüglern bestäubt. Einige Vertreter dieser Insektenordnung sind Gärtner auf sechs Beinen: Ameisen tragen Pflanzensamen in ihre Nester ein. Hier und da fällt die Fracht aber herunter, was gut für die Pflanzen ist, denen so bei der Ausbreitung geholfen wird.

Alle Hautflügler haben als erwachsene Individuen (Imagines) einen dreigeteilten Körperbau. Am Kopf (Caput) tragen sie ihre Mundwerkzeuge und Sinnesorgane inklusive der Fühler (Antennen). Die drei Beinpaare und die vier häutigen Flügel setzen am Brustsegment an. Daran schließt sich der Hinterleib an. An dessen Ende tragen die Weibchen einiger Hautflüglerarten, unter ihnen manche Schlupfwespen (Ichneumonidae), einen auffälligen Legeapparat (Ovipositor). Mit dessen Hilfe können sie ihre Eier gezielt an engen Stellen ablegen.

Typische Gesichtszeichnung der Gemeinen Wespe (*Vespula vulgaris*)

Viele weibliche Bienen und Wespen haben am Hinterleibsende einen Stechapparat zur Abwehr von Feinden. Dagegen sind die Tiere aus der Unterordnung der Pflanzenwespen (Symphyta) ohne Stachel. Ebenso wie die Schlupfwespen haben Pflanzenwespen keine schmale Taille. Diesen charakteristischen Einschnitt etwa in der Mitte des Körpers zeigen lediglich die Taillenwespen (Apocrita). Zu dieser Unterordnung gehören auch die Hummeln, obgleich sie den Namensbestandteil Wespe nicht tragen. Außerdem ist ihre Wespentaille unter anderem wegen ihrer starken Behaarung kaum zu sehen.

© Frank Aeckersberg

Nutztier Honigbiene

Zur Westlichen Honigbiene (*Apis mellifera*) haben wir Menschen eine besondere Beziehung. Die meisten Individuen, denen wir draußen begegnen, sind Nutztiere aus von Menschen umsorgten Bienenstöcken. Deshalb sind diese Honigbienen keine echten Wildbienen.

Zu den kleinsten in Deutschland lebenden Hautflüglerarten gehören die Erzwespen (Chalcidoidea), manche sind nur knapp über einen Millimeter lang. Bis zu 40 mm kann die Riesenholzwespe (*Urocerus gigas*) messen. Mit «nur» 28 mm Länge ist die Blaue Holzbiene (*Xylocopa violacea*) zwar kleiner, doch wegen ihres stämmigen Körperbaus ist sie eine sehr imposante Erscheinung.

Farblich sind die Hautflügler sehr variabel. Bei Weitem nicht alle Arten zeigen die für einige Wespen typische schwarz-gelbe Warnfärbung. Es gibt zum Beispiel Wildbienen mit dichter rötlicher Behaarung, daneben eine Reihe grüner Pflanzenwespen und bunte, metallisch glänzende Goldwespen (Chrysididae).

Hautflügler bewohnen unterschiedliche Lebensräume von Wiesen über Wälder bis hin zu Gärten. Neben einzeln (solitär) lebenden Arten gibt es solche, die Staaten gründen – wie zahlreiche Ameisenarten. In einzelnen Nistkammern, die wiederum in Gemeinschaftsnestern liegen können, wachsen die Larven mancher Hautflüglerarten heran. Sie werden entweder aktiv gefüttert oder leben von dem Proviant, den ihre Mütter für sie in der Brutzelle hinterlassen haben. Die Nahrung der Larven ist nicht grundsätzlich pflanzlich. So tragen etwa Grabwespen der Gattung *Pemphredon* als Larvennahrung Röhrenblattläuse in ihre Brutzellen. Ferner gibt es einige Hautflüglerarten, deren Larven sich im Körper anderer Insekten(-larven) entwickeln. Daneben kommen Larven vor, die außerhalb von Nestern heranwachsen. Sie leben zum Beispiel auf Pflanzen und fressen deren Blätter. Wegen ihres schlanken, länglichen Körperbaus und der ähnlichen Ernährungsweise werden zum Beispiel Blattwes-

© Karin-Simone Hauth

Pflanzengalle der Gemeinen Rosengallwespe (*Diplolepsis rosae*)

penlarven oft mit Schmetterlingsraupen verwechselt. Anders als Larven der Blattwespen haben Raupen immer mindestens zwei Segmente ohne Beine. Larven der Familie der Echten Blattwespen (Tenthredinidae) haben dagegen stets nur ein Segment ohne Beine.

Abschließend seien die Gallwespen (Cynipidae) als Beispiel für Arten erwähnt, deren Larven in sogenannten Pflanzengallen leben. Während der Eiablage injizieren die Weibchen chemische Substanzen in das Pflanzengewebe, durch die es zur Entstehung kleiner Wucherungen kommt. Dieses Pflanzenmaterial dient den Larven als Nahrungsquelle und Lebensraum.

Bestimmen

Ein großer Teil der Hautflügler ist leicht als solcher zu erkennen, zumindest wenn es um erwachsene (adulte) Individuen geht: Die Wespe auf dem Grillfleisch im Garten, die blütenbesuchende Biene oder die flink über den Boden krabbelnde Ameise sind schnell grob bestimmt. Wer Hautflügler auf Artniveau benennen möchte, braucht einen geschulten Blick.

Je nachdem, zu welchen Familien die jeweiligen Arten gehören, können unterschiedliche Details von Bedeutung sein. Bei vielen Wildbienen inklusive der Hummeln sind Färbung und Muster arttypisch. Die Gemeine Wespe

(*Vespula vulgaris*) und ihre nahen Verwandten haben jeweils eine ihnen eigene Zeichnung im Gesicht. Wie die zarten Flügeladern im Einzelfall aussehen, wie die Antennen gestaltet beziehungsweise gefärbt sind und ob bestimmte Körperpartien dicht behaart sind oder nicht, sind weitere entscheidende Einzelheiten.

Oftmals ist das «Drumherum» ebenfalls entscheidend: Wann die Beobachtungen stattgefunden haben, kann zum Beispiel bei Wildbienen wichtige Hinweise liefern. Viele dieser Tiere sind nur während einer bestimmten Zeitspanne anzutreffen. So ist zum Beispiel die Rotpelzige Sandbiene (*Andrena fulva*) ein «Frühlingstier». Unsere heimischen Hummeln sind dagegen vom Spätwinter bis in den Herbst «auf den Flügeln».

Ähnliches gilt für die Beobachtungsorte, weil neben Generalisten, die nahezu überall vorkommen, manche hoch spezialisierten Arten nur in bestimmten Lebensräumen ihr Auskommen finden. Des Weiteren sind etliche Hautflügler in Sachen Ernährung sehr wählerisch. Stellvertretend sei die Glockenblumen-Scherenbiene (*Chelostoma rapunculi*) genannt, die fast nur an Glockenblumen (*Campanula* spec.) Nektar und Pollen sammelt.

Manchmal reicht es nicht, die erwachsenen Tiere genau anzusehen sowie die Beobachtungsdetails bei der Bestimmung zu berücksichtigen. Einige

Larve der Ameisenähnlichen Sichelwanze (*Himacerus mirmicoides*)

Fliege im «Bienenpelz»: Hummel-Waldschwebfliege (*Volucella bombylans*)

Ein Schmetterling: der Hornissen-Glasflügler (*Sesia apiformis*)

Tierische Blender

Nicht alle Insekten, die bei flüchtiger Betrachtung wie Hautflügler auszusehen scheinen, sind tatsächlich welche. Einige an sich harmlose Insekten aus anderen Ordnungen ahmen das Aussehen wehrhafter Hautflügler nach, zum Beispiel durch ihre Körperform oder durch ihre Färbung. In der Fachsprache wird dies als Bates'sche Mimikry oder Schutzmimikry bezeichnet.

Arten sind nur dann sicher bestimmbar, wenn die Individuen getötet und mithilfe eines Mikroskops untersucht werden. Dies überlassen wir lieber Forschenden und erfreuen uns stattdessen an den lebenden Hautflüglern in der Natur.

Neben erwachsenen Insekten begegnen Naturbegeisterten hier und da frühere Entwicklungsstadien der Hautflügler. Jene Larven, die sich in Nestern oder Brutkammern entwickeln, sind nur selten zu sehen. Viel häufiger sehen wir draußen unter anderem die Larven von Blattwespen. Diese kleinen Pflanzenfresser sind nicht in jedem Fall anhand ihres äußeren Erscheinungsbildes auf Artebene anzusprechen. Es kann helfen, die Nahrungspflanze zu beachten, weil einige Blattwespenarten auf einzelne Pflanzenarten oder zumindest -gattungen spezialisiert sind.

Sich mit Pflanzengallen zu beschäftigen, kann ein spannender Zeitvertreib sein. Allerdings werden sie nicht alle von Hautflüglern erzeugt, weshalb bei diesen Gebilden genau wie bei lebenden Tieren Details entscheidend sind. So manches Pflanzengallen-Rätsel lässt sich durch reines Betrachten nicht lösen. Einige von Hautflüglern verursachte Pflanzengallen sehen einander so ähnlich, dass wir bei der Bestimmung nur bis zur Gattung oder sogar nur bis zur Familie kommen.

Wie die anderen Insektenordnungen sind die Hautflügler also eine abwechslungsreiche und durchaus anspruchsvolle Artengruppe. Trotzdem oder gerade deswegen lohnt es sich, sich intensiver mit diesen faszinierenden Tieren zu beschäftigen. Dabei werden sich vermutlich individuelle Lieblingsfamilien herauskristallisieren, in die man sich gezielt mittels Fachliteratur und durch Austausch mit erfahrenen Beobachtenden einarbeiten kann.

Beobachten: Wann und wo?

Wer Hautflügler beobachten möchte, braucht – eventuell mit Ausnahme einer Lupe und einer Kamera – keine speziellen Ausrüstungsgegenstände. Das Fangen der Tiere per Netz ist jenen Menschen vorbehalten, die über eine behördliche Genehmigung verfügen.

Bereits im Spätwinter werden die ersten Hummeln aktiv, im Frühling und Sommer ist die Vielfalt der aktiven Hautflüglerarten besonders groß. Zum Herbst hin werden es merklich weniger, im Winter sehen wir sie praktisch gar nicht. Je nach Art überwintern sie auf unterschiedliche Weise, bei den Hummeln überdauern beispielsweise nur die befruchteten Königinnen den Winter.

Hautflügler sind größtenteils am Tage aktiv, und sie bevorzugen trockenes Wetter. Einige Arten fliegen jedoch auch nachts und steuern gelegentlich künstliche Lichtquellen an.

© Christian Stepf

Bienenwolf-Goldwespen (*Hedychrum rutilans*) bestechen mit ihrem metallischen Glanz.

Weil Hautflügler in Deutschland praktisch alle Lebensräume bewohnen, fällt es leicht, sie draußen aufzuspüren. Im Siedlungsraum begegnen sie uns genauso wie auf Wiesen, in Wäldern oder an Gewässerufern, um einige Beispiele zu nennen.

Dokumentieren

Eine ganze Reihe von Hautflüglerarten kann anhand von Bildern bestimmt werden. Falls es nicht bis zum Artniveau möglich ist, erlauben gute Fotos in vielen Fällen immerhin ein Erkennen der Gattung oder Familie. Abgesehen davon sind Belegbilder der gesehenen Individuen generell eine gute Ergänzung der Beobachtungsdaten.

Folgende Fotomotive sind für die Bestimmung hilfreich:

- je ein Bild von oben und von den Seiten, ggf. von unten,
- Detailaufnahmen von den Beinen, dem Kopf und dem Hinterleib (die Flügel!) (nur erforderlich, sofern nicht mit einer leistungsstarken Kamera mit hoher Auflösung gearbeitet wird und diese Details auf den anderen Fotos nicht gut zu erkennen sind),
- ggf. Aufnahmen der Nahrungspflanzen.

4.3.2 Heuschrecken und Fangschrecken

Dieter Schneider

Vor der flächendeckenden Einführung moderner Kreiselmähmaschinen in der Landwirtschaft waren Grashüpfer von sommerlichen Wiesen nicht wegzudenken. Überall hüpfte und zirpte es. Heute sind selbst viele optisch als Lebensraum geeignet erscheinende Wiesen wie leergefegt. Neben zu häufigem Mähen sind hauptsächlich die Methoden der Mahd dafür verantwortlich.

Obgleich Heuschrecken (Orthoptera) leider nicht mehr so allgegenwärtig sind wie früher, so sind sie doch dankbare Objekte für Naturbeobachtende, da sie in vielen Fällen durch ihr Verhalten und ihre Lautäußerungen auf sich aufmerksam machen. Mit nur etwa 80 mitteleuropäischen Arten stellen sie eine sehr überschaubare Gruppe dar. Ein Merkmal ist allen Heuschrecken gemeinsam: ihre zu kräftigen Sprungbeinen entwickelten Hinterschenkel.

Zu den Heuschrecken gehören die Langfühlerschrecken (Ensifera) und die Kurzfühlerschrecken (Caelifera), die je eine Unterordnung darstellen. Neuerdings stellen manche Forschende sie allerdings jeweils in eine eigene Ordnung. Und in der Tat scheinen die beiden Großgruppen nicht näher miteinander verwandt zu sein.

Die Gemeine Sichelschrecke (*Phaneroptera falcata*) gehört zu den Langfühlerschrecken.

Die Langfühlerschrecken lassen sich nochmals unterteilen in die Grillenartigen (Grylloidea) und die Laubheuschrecken (Tettigonioidea). Daneben seien als dritte mitteleuropäische Gruppe der Ensifera die Gewächshausschrecken (Rhaphidophoroidea) genannt.

Kennzeichnendes Merkmal aller Ensifera sind sehr lange Fühler (Antennen), die den Körper meist deutlich überragen. Bei diesen Insekten erfolgt die Lauterzeugung (Stridulation) durch das Übereinanderreiben spezieller Flügelstrukturen, weshalb sogar bei eigentlich flügellosen Arten bei den Männchen noch Flügelstummel vorhanden sind. Wer Töne erzeugt, um damit zu balzen oder Rivalen abzuschrecken, der muss selbst gut hören können. In den Vorderbeinen befinden sich die dafür erforderlichen Hörorgane. Weibliche Langfühlerschrecken haben einen auffälligen Legeapparat, der häufig arttypische und somit bestimmungsrelevante Merkmale aufweist.

Zu den Kurzfühlerschrecken, die sich durch ihre kurzen Antennen auszeichnen, zählen die Gruppen der Feldheuschrecken (Acrididae) – allgemein als Grashüpfer bekannt –, die Dornschrecken (Tetrigidae) sowie die Knarrschrecken (Catantopidae). Mehrheitlich erfolgt die Lauterzeugung bei diesen Tieren, indem sie ihre Hinterschenkel über speziell verstärkte Flügeladern streichen. Hierzu ist an der Innenseite der Hinterschenkel eine besondere Struktur entwickelt, die sogenannte Schrillleiste. Kurzfühlerschrecken haben ihre Hörorgane seitlich im vorderen Bereich des Bauchabschnitts, also direkt am Körper.

Einige Heuschrecken sind mit etwas Erfahrung leicht auf Artniveau bestimmbar, aber bei vielen – insbesondere bei etlichen Grashüpfern – genügt ein flüchtiger Blick zur Artdiagnose meistens nicht. Da Heuschrecken wegen ihrer guten Indikatoreigenschaften eine hohe Naturschutzrelevanz zukommt, lohnt es sich dennoch, sich mit ihnen zu beschäftigen.

In Mitteleuropa sind die Fangschrecken (Mantodea) allein durch die Europäische Gottesanbeterin (*Mantis religiosa*) vertreten. Sie besiedelte ursprünglich nur die wärmsten Gegenden Deutschlands. Inzwischen hat sie – vermutlich durch Verschleppung – an weiteren passenden Orten, zum Beispiel in Berlin-Schöneberg, Populationen aufbauen können. Kennzeichnend sind ihre zu Fangbeinen umgebildeten Vorderbeine.

Beobachten: Wann und wo?

Da Heuschrecken in Mitteleuropa normalerweise als Ei überwintern (Ausnahmen gibt es bei den Dornschrecken und den Grillen), trifft man im Frühjahr und Frühsommer mehrheitlich auf Larven, auch als Nymphen bezeichnet. Diese sind überwiegend nicht sicher bestimmbar, sodass sich die Suche nach Heuschrecken eigentlich erst lohnt, wenn man erwachsene Tiere erwarten

© Jann Wuebbenhorst

Die Sumpfschrecke (*Stethophyma grossum*) ist eine Kurzfühlerschrecke.

kann. Dieser Zeitpunkt ist gekommen, sobald die ersten Gesänge zu hören sind, denn Stridulieren können ausschließlich die erwachsenen Tiere. Doch aufgepasst! Oft findet man bis in den Herbst hinein neben den erwachsenen Tieren weiterhin Larven.

Grundsätzlich kommen Heuschrecken überall dort vor, wo es Pflanzen gibt, da die meisten Arten Vegetarier sind. Es müssen keine dicht bewachsenen Bestände vorliegen – im Gegenteil: Viele besonders seltene Arten leben in nur spärlich bewachsenen Lebensräumen. Wo die Pflanzen- und Strukturvielfalt hoch ist, ist in der Regel die Heuschreckenvielfalt groß.

Neben den zahlreichen Arten des Graslandes gibt es unter den Laubheuschrecken einige gebüsch- und baumbewohnende (arboricole) Arten sowie die teils unterirdisch lebenden Grillen. Den gehölzbewohnenden Arten setzen die intensiven landwirtschaftlichen Methoden der modernen Zeit weniger zu, bei ihnen werden kaum Bestandsrückgänge verzeichnet. Anders ist es bei den Arten unserer Wiesen, die, wie bereits eingangs erwähnt, in der Fläche erschreckend abgenommen haben.

Auf Grünland, das traditionell, also naturkonform bewirtschaftet wird, lässt sich eine dem Standort entsprechende Heuschreckengemeinschaft feststellen.

© Beatrice Jeschke

Langfühlerschrecken wie die Punktierte Zartschrecke (*Leptophyes punctatissima*) haben ihre Hörorgane in den vorderen Beinen.

Und diese unterscheidet sich von Standort zu Standort, da die meisten Arten eng an bestimmte Struktur-, Feuchte- und Temperaturbedingungen gebunden sind. In einer Feuchtwiese wird man deshalb eine andere Heuschreckengemeinschaft vorfinden als auf einem spärlich bewachsenen Halbtrockenrasen. In manchen Flusstälern kann man die zum Teil fließenden Übergänge von der Aue bis hinauf auf die mageren Hänge gut nachvollziehen.

Lohnende Flächen für die Suche nach Heuschrecken sind Feuchtwiesen, traditionell bewirtschaftete und zwei Ernten liefernde Fettwiesen sowie vor allem Magerrasen in jeglicher Ausprägung. Einen sehr speziellen Lebensraum für Heuschrecken bilden die großen Kiesablagerungsflächen unverbauter Alpenflüsse, wie man sie in den Nordalpen noch an Isar und Lech findet, in den Südalpen zum Beispiel am Tagliamento oder an der Piave. Hier leben unter anderem die letzten Gefleckten Schnarrschrecken (*Bryodemella tuberculata*) und Kiesbank-Grashüpfer (*Chorthippus pullus*). Generell sind die Alpen ein gutes Revier für die Heuschreckensuche. Dort gibt es einerseits einige spezielle Alpenarten und andererseits viele im Flachland selten gewordene Arten, wie beispielsweise den Warzenbeißer (*Decticus verrucivorus*), die aufgrund der hier weniger intensiven Nutzung meist noch häufiger anzutreffen sind.

Für die gehölzbewohnenden Arten geht man am besten an strukturreichen Waldrändern, auf Waldwegen, an Hecken oder auf Streuobstwiesen auf die Pirsch. Weil sich viele dieser Arten nicht durch auffälligen Gesang hervortun und gut getarnt sind, werden sie oft nur zufällig gefunden. Manche Arten, wie etwa die Eichenschrecken der Gattung *Meconema*, werden nachts von Lichtquellen angelockt.

Fangschrecken lassen sich oft an besonnten Waldrändern beobachten, aber auch in Wohngebieten sind Sichtungen möglich.

Bestimmen

Hinsichtlich der Bestimmung beobachteter Fangschrecken hat man es in Deutschland leicht, weil hierzulande nur die Europäische Gottesanbeterin vorkommt.

Viele Heuschrecken lassen sich nicht nur über ihr Aussehen, sondern ebenso über ihre Lautäußerungen bestimmen. Geht man nach dem äußeren Erscheinungsbild, braucht man einen Bestimmungsschlüssel. Orientiert man sich hingegen am Gesang, benötigt man Tonaufnahmen zum Kennenlernen, Üben und Vergleichen.

Da die meisten Arten streng an bestimmte Lebensräume gebunden sind, sind Angaben zum Fundort (Lebensraumtyp, Strukturparameter) wichtige

Europäische Gottesanbeterin (*Mantis religiosa*)

© Birgit Emig

Weibliche Waldgrille (*Nemobius sylvestris*)

bestimmungsrelevante Informationen. Hinsichtlich des Aussehens spielen Farben eine sehr untergeordnete Rolle bei der Bestimmung, Muster hingegen können hilfreiche Hinweise liefern. Wichtiger sind die Ausprägung von Fühlern, Halsschild, Flügeln und gegebenenfalls die des Legeapparats der Weibchen.

Wer sich mit Heuschrecken beschäftigen will, kommt um gute Bestimmungsliteratur kaum herum. Ein ebenfalls sehr gut geeignetes Hilfsmittel zur Bestimmung ist die kostenpflichtige Heuschrecken-App «Orthoptera». Mit ihr lassen sich die Lautäußerungen bereits im Gelände vergleichen und das Smartphone oder Tablet als Klangattrappe nutzen. Tonaufnahmen der Stimmen der Heuschrecken sind darüber hinaus als CD oder als mp3-Dateien im Handel zu erwerben.

Dokumentieren

Um eine genaue Bestimmung durchzuführen beziehungsweise einen Bestimmungsschlüssel sinnvoll nutzen zu können, müssen die Heuschrecken zumeist gefangen und in die Hand genommen werden. Dies ist ohne eine behördliche Fanggenehmigung jedoch nicht erlaubt. Alternativ braucht man sehr gute, aussagekräftige Fotos, die in vielen Fällen bei der Bestimmung hilfreich sein können. Darüber hinaus können sie als Belegbilder zur Dokumentation des Vorkommens dienen.

Viele Heuschrecken können fliegen – hier eine Blauflügelige Ödlandschrecke (*Oedipoda caerulescens*).

Achten Sie beim Fotografieren darauf, dass Sie erwachsene Tiere (Imagines) erwischen, da die Larven normalerweise nicht sicher bestimmt werden können. Striduliert ein Tier, ist es in jedem Fall erwachsen. Ansonsten erkennen Sie die Imago bei den Feldheuschrecken an den entwickelten Flügeln, wobei die Vorderflügel die Hinterflügel überdecken. Bei den Larven ist das umgekehrt: die Anlagen der Hinterflügel überdecken die der Vorderflügel! Dagegen kann es bei den kurzflügeligen oder flügellosen Laubheuschrecken zuweilen schwierig sein, die letzten Larvenstadien von einer Imago zu unterscheiden.

Folgende Fotos sollten Sie zu Bestimmungszwecken von Heuschrecken anfertigen:

- Ansicht von oben,
- Ansicht von der Seite,
- Detailaufnahmen, die die Fühler, den Halsschild, die Flügel und die Hinterschenkel zeigen sowie
- Detailansicht des Legebohrers weiblicher Laubheuschrecken.

Im Gelände ist darauf zu achten, dass man bei mehreren Fotos ganz sicher immer dasselbe Tier ablichtet, denn meist bewohnen mehrere Arten denselben Lebensraum. Wer kennt das nicht: Man macht ein Foto und das Tier springt weg, bevor man ein weiteres Bild anfertigen kann. Im Bereich, wo das Tier gelandet ist, meint man, es wiederentdeckt zu haben und fotografiert das Insekt erneut – das im Zweifelsfalle dann zu einer anderen Art gehört.

Mit Digitalkameras und Smartphones lassen sich Videos stridulierender Männchen anfertigen. Überdies kann anhand des so dokumentierten Gesangs eine Bestimmung erfolgen.

4.3.3 Käfer

Stefan Munzinger, Gaby Schulemann-Maier

Weltweit sind bislang über 350000 Arten bekannt, womit die Käfer die derzeit artenreichste Tierordnung darstellen. In Deutschland und Mitteleuropa gibt es rund 7000 Käferarten.

Der Körper der Käfer gliedert sich in die drei Hauptabschnitte Kopf (Caput), Brust (Thorax) und Hinterleib (Abdomen). Ihr hartes Außenskelett aus Chitin macht die meisten Käfer besonders widerstandsfähig; der Körper einiger Spezies ist hingegen relativ weich. Käfer haben sechs Beine und zwei Paar Flügel. Dabei ist das vordere Paar zu den aderlosen Flügeldecken oder Deckflügeln (Elytren) umgebildet. Sie bieten dem hinteren häutigen (membranösen) und durchsichtigen Flügelpaar, Alae genannt, sowie dem Hinterleib einen wirksamen Schutz.

Jedoch reichen die Flügeldecken nicht bei allen Käfern bis zum Ende des Hinterleibs, so etwa bei den Kurzflüglern (Staphylinidae). Bei einigen Arten sind die Elytren mittig verwachsen. Fehlen zusätzlich die Hinterflügel, sind die Tiere flugunfähig. Mehrere Arten haben ihre Flügel ganz verloren. Prominente Beispiele sind die Weibchen der Leuchtkäfer (Lampyridae), die eher larvenähnlich aussehen – daher rührt die Bezeichnung Glühwürmchen.

Ihre Mundwerkzeuge und Sinnesorgane tragen Käfer am Kopf. Zu Letzteren gehören die Fühler (Antennen) und die Augen. Bei ihnen handelt es sich zumeist um aus zahlreichen keilförmigen Einzelaugen (Ommatidien) aufgebaute Komplexaugen. Nur bei der Familie der Taumelkäfer (Gyrinidae) sind es vier getrennte Komplexaugen: je ein Paar zum Sehen oberhalb und unterhalb

Kleine Borsten bedecken den Körper der Larven des Asiatischen Marienkäfers (*Harmonia axyridis*).

Ein Frühlingsmistkäfer (*Trypocopris vernalis*) kurz vor dem Abflug – die Deckflügel sind angehoben, die Hinterflügel entfalten sich.

der Wasseroberfläche. Mithilfe ihrer Fühler orientieren sich Käfer; sie können darüber auch Gerüche aufnehmen. Sie sind bei den verschiedenen Käferfamilien unterschiedlich stark geformt und können sogar innerhalb einer Art bei den beiden Geschlechtern unterschiedlich aussehen.

Lediglich 0,45–0,55 mm ist die kleinste in Deutschland beheimatete Käferart lang, sie heißt *Baranowskiella ehnstromi*. Auf eine Körperlänge von 30–75 mm bringen es männliche Hirschkäfer (*Lucanus cervus*), sie sind die größten hierzulande lebenden Käfer.

Während ihrer Entwicklung vom Ei zum erwachsenen Individuum (Imago) durchlaufen Käfer eine vollständige Verwandlung (Metamorphose). Aus dem Ei schlüpft eine Larve, die äußerlich nichts mit den adulten Käfern gemein hat. Nur die Käferlarven der Überfamilie Scarabaeoidea, zu der unter anderem Maikäfer (*Melolontha* spec.) gehören, bezeichnet man als Engerlinge. Alle anderen heißen einfach Larven. Käferlarven leben in höchst unterschiedlichen Substraten, vom Wasser über den Boden bis hin zu Totholz. Haben sie sich weit genug entwickelt, verpuppen sich die Larven. Aus den Puppen schlüpfen schließlich die Käfer.

Bestimmen

Wegen ihrer Fülle an Formen und Farben sowie der Vielfalt hinsichtlich der Lebensweisen sind Käfer eine spannende Artengruppe. Allerdings ist der Einstieg in die Beschäftigung mit ihnen nicht leicht, weil es viele sehr ähnliche, schwer bestimmbare Arten gibt. Entsprechend werden im Folgenden nur relativ markante und häufige Gruppen (Familien) betrachtet, wobei wir uns auf adulte Käfer beziehen. Wer seine Beobachtungen dokumentieren und zum Beispiel auf NABU-naturgucker.de melden möchte, kann in Zweifelsfällen «unscharfe» Meldungen wie «Marienkäfer (unbestimmt)» notieren.

Käferlarven zu bestimmen, ist zumeist noch komplizierter. Genaue Erläuterungen hierzu würden den Rahmen dieses Kapitels sprengen.

◇ Blatthornkäfer (Scarabaeidae)

160 Arten leben in Deutschland. Bei diesen Käfern haben die Fühler nie mehr als elf Glieder. Kopfschild und Halsschild sind erkennbar vergrößert und tragen teilweise kleine Hörner. Die Körperlänge beträgt je nach Art 2,5–40 mm. Neben Dungfressern kommen Pflanzenfresser und Blütenbesucher vor. Zu dieser Familie gehören die auffälligen Rosenkäfer (Cetoniinae) und Pinselkäfer (*Trichius* spec.).

Gemeiner Rosenkäfer (*Cetonia aurata*)

◇ Blattkäfer (Chrysomelidae)

Es gibt über 520 Blattkäfer-Arten in Deutschland. Je nach Art messen die Tiere 1,2–18 mm. Ihr Körper ist oft kräftig und breitoval, in zahlreichen Fällen bunt und glänzend. Häufig sind die ersten Fußglieder mit einem dichten Haarteppich versehen. Größtenteils ernähren sich diese Käfer von Pflanzen (phytophag).

Gefleckter Weiden-Blattkäfer (*Chrysomela vigintipunctata*)

◇ Bockkäfer (Cerambycidae)

Knapp 200 Arten in Deutschland nachgewiesen. Größe je nach Art 2,8–60 mm. Charakteristisch sind ihre langen bis sehr langen

© Bernhard Konzen

Gefleckter Schmalbock
(*Rutpela maculata*)

Fühler, die zumeist bis zur Mitte der Deckflügel reichen und oft nach hinten gelegt werden. Die Fühler sind in vielen Fällen stark gegliedert und erinnern an die Hörner von Ziegen- oder Steinböcken. Etliche Arten können leise zirpende Geräusche von sich geben, wenn sich die Tiere bedroht fühlen.

© Hubertus Schwarzentraub

Männlicher Hirschkäfer
(*Lucanus cervus*)

◇ Hirschkäfer oder Schröter (Lucanidae)

Sieben Arten sind in Deutschland beheimatet. Abhängig von der Art sind sie 5–70 mm groß. Erstes Fühlerglied sehr lang, die restlichen stehen zu diesem in einem deutlichen Winkel. Bei zwei Arten sind die Kiefer (Mandibeln) der Männchen stark vergrößert.

© Istvan und Sabine Palfi

Schwarzer Moderkäfer
(*Ocypus olens*)

◇ Kurzflügler (Staphylinidae)

Etwas mehr als 1500 Arten leben in Deutschland. Je nach Art 1–32 mm lang; Käfer mit verkürzten Deckflügeln (Name!); bei vielen Arten sind fünf oder sechs Hinterleibssegmente zu sehen.

© Armin Teichmann

Dünen-Sandlaufkäfer
(*Cicindela hybrida*)

◇ Laufkäfer (Carabidae)

Mit knapp 570 Arten in Deutschland vertreten. Je nach Art 1,9–40 mm lang; langbeinige, schnell laufende Käfer, die sich alle räuberisch ernähren und/oder von Aas leben. Zumeist tragen die Deckflügel Längsrillen, die Fühler sind fadenförmig.

◇ Marienkäfer (Coccinellidae)

In Deutschland leben 83 Marienkäferarten. Meist gefleckte Käfer mit auffällig gewölbter Körperoberseite und ovaler bis halbkugeliger Form. Sie sind je nach Art 1,5–9 mm lang. Imagines (und Larven) vieler Arten leben räuberisch (von Blattläusen), daneben gibt es pilz- und pflanzenfressende Arten.

© Gerwin Bärecke

Augenfleck-Marienkäfer
(*Anatis ocellata*)

◇ Mistkäfer (Geotrupidae)

Mit 11 Arten in Deutschland vertreten. 14–26 mm lange Käfer mit gedrungenem, kräftigem Körperbau. Oft schwarz gefärbt, dabei metallisch blau-violett oder grünlich glänzend. Ein Keil teilt manchmal die Augen nahezu in zwei Teile. Ernähren sich von Kot, verfaulendem Material und mitunter Aas.

© Gerwin Bärecke

Wald-Mistkäfer
(*Anoplotrupes stercorosus*)

◇ Rüsselkäfer (Curculionidae)

Fast 790 Arten in Deutschland heimisch. Je nach Art 1,5–20 mm groß; Fühler sind meist abgeknickt (gekniet), bei manchen Arten ist der Kopf in einen mehr oder weniger langen «Rüssel» ausgezogen, der teilweise extrem lang sein kann (Name!). Alle Arten sind Pflanzenfresser (phytophag), viele fressen nur an einer bestimmten Pflanzenart.

© Hans Schwarting

Großer Lupinen-Blattrandrüssler
(*Charagmus gressorius*)

◇ Scheinbockkäfer (Oedemeridae)

In Deutschland kommen 26 Arten vor. Die Tiere sind 5–18 mm groß mit länglich gestreckter Form, sie erinnern im Aussehen ein wenig an Bockkäfer. Ihre Fühler sind fadenförmig mit elf bis zwölf Gliedern. Männchen der Schenkelkäfer (Gattung *Oedemera*) mit keulig verdickten Hinterbeinen. Es handelt sich um Blütenbesucher.

Männlicher Blaugrüner Schenkelkäfer (*Oedemera nobilis*)

◇ Schnellkäfer (Elateridae)

Es leben 150 Arten in Deutschland. Abhängig von der Art 1,5–22 mm groß. Typisch ist die längliche, schmalovale Körperform. Auf dem Rücken liegend können sie mit einem deutlich hörbaren Klick emporschnellen (Name!). Ihre Larven sind auch als Drahtwürmer bekannt und fressen an Pflanzenwurzeln.

Mausgrauer Schnellkäfer (*Agrypnus murinus*)

◇ Weichkäfer (Cantharidae)

Mit 86 Arten in Deutschland vertreten. Schwach chitinisierte Käfer, die sich weich anfühlen (Name!). Zumeist lange Fühler, Körperlänge je nach Art 5–15 mm. Oft schwarz, rot, gelblich-braun gefärbt. Zahlreiche Arten sind Blütenbesucher, die sich vegetarisch ernähren; einige Arten leben räuberisch.

Schlichter Fliegenkäfer (*Cantharis rustica*)

Beobachten: Wann und wo?

Zum Einstieg in die Käferbeobachtung brauchen Sie nichts außer gegebenenfalls eine Lupe sowie eine Kamera, um die Funde zu dokumentieren. Käfer lassen sich nahezu während des gesamten Jahres beobachten, Höhepunkt ist die Zeit von Mai bis August. Selbst im Winter kann man zum Beispiel auf

Schneewürmer treffen, das sind die Larven von Weichkäfern. An warmen Wintertagen sonnen sich mitunter Marienkäfer auf Baumstämmen.

Früher ließen sich Käfer praktisch überall erkunden. Mittlerweile werden ehemals käferreiche Lebensräume wie Mähwiesen, Heckensäume oder Waldränder jedoch zusehends seltener. Außerdem sind sie von schlechterer Lebensqualität für Käfer beziehungsweise für Insekten im Allgemeinen, sodass die Arten- und Individuenzahlen deutlich zurückgegangen sind. Dennoch lassen sich vielerorts Käfer finden; mit der Suche beginnen können Sie in Gärten oder in Parkanlagen. Auf Blüten halten sich unter anderem Weichkäfer auf. Darüber hinaus lohnt es sich, an Hecken, Waldrändern, Gewässerufern und sogar im Wasser nach Käfern Ausschau zu halten. Beim Umdrehen von Steinen und Totholz lässt sich ebenso die eine oder andere Entdeckung machen.

Dokumentieren

Wissenschaftlich sind große Sammlungen genadelter oder in Alkohol konservierter Käfer imposant und nach wie vor sinnvoll. Wer die Naturbeobachtung hingegen als Hobby oder ehrenamtlich betreibt, beschränkt sich zumeist auf das Fotografieren der lebenden Tiere. Gefangen werden dürfen sie nur mit behördlicher Genehmigung.

Folgende Fotos sollten von Käfern und ihren Larven angefertigt werden:

- von oben,
- von unten,
- von vorn,
- von beiden Seiten,
- Detailaufnahmen von den Beinen, dem Kopf und dem Hinterleib (diese Aufnahmen erübrigen sich, sofern Sie eine Kamera mit hoher Auflösung verwenden, die qualitätsvolle Ausschnittsvergrößerungen erlaubt).

Manche Käfer sind eher gemächlich unterwegs, das Fotografieren fällt dann leicht. Schwieriger wird es, wenn Sie bei warmen Temperaturen auf eine agile Art, beispielsweise aus der Familie der Laufkäfer, stoßen. Diese Käfer sind recht schnell unterwegs. Helfen kann in solchen Fällen, ein Blatt eines Baumes auf ein laufendes Tier zu legen. Der Laufkäfer wird es wahrscheinlich als Versteck nutzen und darunter sitzen bleiben, während Sie die Kamera in Position bringen und den Schärfebereich einstellen können. Ziehen Sie das Blatt weg, drücken Sie am besten sofort auf den Auslöser, um den Käfer abzulichten, bevor er davonläuft.

4.3.4 Libellen

Dr. Jürgen Ott

Libellen (Odonata) stellen innerhalb der Klasse der Insekten (Insecta) eine Ordnung mit drei Unterordnungen dar. Diese sind die Kleinlibellen (Zygoptera) und die Großlibellen (Anisoptera), die beide mit weltweit jeweils rund 3000 Arten vorkommen. Außerdem gibt es die nur in Asien vorkommenden Urlibellen (Anisozygoptera) mit vier Arten aus der Gattung *Epiophlebia*. In Deutschland sind derzeit 83 Groß- und Kleinlibellenarten nachgewiesen, in Europa sind es rund 140.

Libellen haben, von wenigen Ausnahmen abgesehen, ein durchweg aquatisches Larvenstadium, das bei bestimmten Arten mehrere Jahre dauern kann. Es folgt ein terrestrisches Geschlechtsstadium – eben die Libellen, wie wir sie normalerweise kennen. Ihr Körper besteht wie für Insekten typisch aus Kopf, Brust, Hinterleib und sechs Beinen, wobei ihr vierflügeliger Flugapparat überdurchschnittlich gut ausgeprägt ist und von starken Brustmuskeln angetrieben wird. Charakteristisch für Libellen ist das Paarungsrad, bei dem sich die Männchen am Kopf der Weibchen anheften. Das Paar bildet ein Rad und vereinigt sich. Dies ist einzigartig im Tierreich. Die Libellen können in dieser Stellung sogar gerichtet fliegen.

© Jens Winter

Paarungsrad der Hufeisen-Azurjungfer (*Coenagrion puella*)

Drohende männliche Blauflügel-Prachtlibelle (*Calopteryx virgo*)

Sowohl Larven als auch ihre erwachsenen Artgenossen ernähren sich ausschließlich räuberisch, was der wissenschaftliche Name verrät: Odonata kommt aus dem Griechischen und bedeutet «die Bezähnten». Die Larven fressen vorrangig andere Wasserinsekten, Kaulquappen oder kleine Fische; zudem sind sie kannibalisch. Aus den Larven schlüpfen ab dem Frühjahr die Erwachsenen (Adulti), und am Ufer bleiben die Larvenhäute (Exuvien) zurück. Nach dem Schlupf entfernen sich die Tiere zunächst vom Gewässer. In dessen Umfeld halten sie sich zum Fressen und Aushärten des Körpers auf, danach kehren sie zum Wasser zurück.

Andere Insekten bilden die hauptsächliche Nahrung der Adulti. Sie erbeuten diese mit ihrem Fangkorb, gebildet aus den sechs abgespreizten Beinen, vornehmlich im Flug und verspeisen die Beute sofort.

Libellen sind wichtige Beutegreifer (Prädatoren) in und an Gewässern. Sie dienen in der Naturschutzbiologie und -planung als Bioindikatoren, da sowohl die Larven als auch die Imagines an bestimmte Umweltbedingungen gebunden sind.

Bestimmen

Mit ein wenig Übung dürften die allermeisten einheimischen Libellen im Feld und ohne sie zu fangen bestimmbar sein. Nach und nach werden Details durch die Beantwortung von Fragen überprüft. Als Erstes gilt es zu klären, ob wir es mit einer Kleinlibelle – diese haben zwei gleich geformte Flügelpaare – oder mit einer Großlibelle – sie haben zwei unterschiedlich geformte Flügelpaare – zu tun haben. Achtung: Die Flügel der zu den Kleinlibellen gehörenden Prachtlibellen sind zwar farbig, aber nicht unterschiedlich geformt!

Bei den Kleinlibellen sind Körperfärbung sowie Größe und Form der Flügelmale (Pterostigmen) wichtig für die Bestimmung der Familien. Ebenfalls von Bedeutung sind die Färbung des Brustbereichs (Thorax) und der Kopfoberseite. Danach kommt man zu den Arten, wobei die genannten Merkmale im Detail ebenso wie weitere Charakteristika – Hinterleibsanhänge und dergleichen – wichtig sind.

Haben wir es mit einer Großlibelle zu tun, prüfen wir zunächst, ob sich die Augen nicht berühren (Flussjungfern (Gomphidae)), nur an einem kleinen Punkt miteinander in Kontakt stehen (Quelljungfern (Cordulegastridae)) oder über einen größeren Bereich (Segellibellen (Libellulidae), Falkenlibellen (Corduliidae) und Edellibellen (Aeshnidae)) aneinanderstoßen. Beim Erkennen der Art sind die folgenden Merkmale wichtig: Stirn, Kopfhinterrand (Seite), Beinfärbung, Thoraxfärbung, Flügelgeäder, Pterostigma (Form und Farbe), Flügelfärbung, Färbung des Hinterleibs (erst bei Adulten voll ausgeprägt!), Hinterleibsanhänge und Eiablageapparat der Weibchen.

Neben den Details der äußeren Gestalt ist der Habitus, also das allgemeine Erscheinungsbild der Libelle, ein wichtiges Merkmal – wirkt die Libelle zum Beispiel plump oder grazil? Des Weiteren sind Verhalten, Sitzposition und Flugstil von Bedeutung. Manche Arten sind sehr aggressiv und territorial (einige Edellibellen), andere kaum oder gar nicht (einige weitere Edellibellen), manche sitzen überwiegend waagerecht (Segellibellen, Flussjungfern), andere hängen fast nur an der Vegetation (Edellibellen), die einen Arten sitzen oft und fliegen nur kurz auf (Segellibellen), andere fliegen meist unablässig am Ufer entlang oder über dem Wasser (Falkenlibellen, einige Edellibellen).

Der Flugort verrät oft schon einiges: So halten sich Granataugen (*Erythromma* spec.) nur über der Wasservegetation und so gut wie nie am Ufer auf. Ebenfalls über der Wasservegetation und in der Gewässermitte patrouillieren gern im ausdauernden Flug der Zweifleck (*Epitheca bimaculata*) sowie die Große Königslibelle (*Anax imperator*) und die Kleine Königslibelle (*Anax parthenope*).

Frühe Adonislibelle (*Pyrrhosoma nymphula*)

Plattbauch (*Libellula depressa*)

© Jürgen Gehnen

Larve einer Großlibelle

© Gaby Schulemann-Maier

Exuvie einer Großlibelle

Beobachten: Wann und wo?

Bei uns lassen sich die Imagines der Libellen primär zwischen Mai und September beobachten. Ist es bereits früh recht warm, sind einige Arten ab April unterwegs. Bei frostfreiem Herbst können einzelne Tiere bis in den Oktober und November oder ausnahmsweise bis in den Dezember auftreten. Als sonnenhungrige Insekten benötigen Libellen artspezifische Mindesttemperaturen und meist Sonnenschein; ansonsten bleiben sie an ihren Ruhe- und Schlafplätzen in Hecken oder Bäumen.

Lediglich die Gemeine Winterlibelle (*Sympecma fusca*) und die viel seltenere Sibirische Winterlibelle (*Sympecma paedisca*) schlüpfen im Sommer und überwintern als Imago. Sie lassen sich somit auch im Winter aufspüren.

Libellen kann man am besten an Gewässern antreffen und studieren, obwohl man ihnen vereinzelt genauso auf Wiesen und Brachen, an Hecken und Waldwegen begegnen kann. An den Gewässern selbst ist die Individuen- und Artenzahl jedoch meist am höchsten. Dort ist das Beobachten der Verhaltensweisen (Jagd- und Patrouillenflug, Territorial- und Paarungsverhalten etc.) ausgesprochen interessant.

Je nach Gewässertyp – Bach, Fluss, Teich, See, Moor und Ähnliches – treten unterschiedliche Arten auf. Zum Einstieg tut es durchaus so mancher naturnahe Gartenteich ohne Fischbesatz, wo im Jahresverlauf ein gutes Dutzend Libellenarten erwartet werden kann.

Am besten sucht man sich einen Platz, von dem man einen guten Überblick über den Uferbereich und die Wasservegetation hat, und beobachtet die Libellen mit dem bloßen Auge oder mit einem Fernglas beziehungsweise Monokular (mit Nahfokus!). Dabei sollte man tunlichst die Ufervegetation schonen, das gilt in erster Linie für trittempfindliche Biotope wie Moore, Riede und Bachufer. Selbstverständlich sind die Naturschutzvorschriften immer und überall zu beachten.

Larven und Exuvien

Libellenlarven zu bestimmen, ist sehr aufwendig. Liegt in Ausnahmefällen eine durch die Naturschutzbehörde erteilte Genehmigung vor, kann man in Gewässern Larven keschern und sie im Aquarium halten. Einige Fließwasserarten sind jedoch recht problematisch, da sie fließendes und sauerstoffreiches Wasser zum Überleben benötigen, und natürlich muss man sie auch füttern. Achtung: Besonders Edellibellenlarven sind sehr aggressiv und neigen zu Kannibalismus!

Exuvien, die man auf Steinen, auf dem Boden oder an der Vegetation am Ufer finden kann, lassen sich gut bestimmen. Hierfür ist eine Lupe oder ein Binokular notwendig. Das Sammeln von Exuvien und das Anlegen einer Referenzsammlung bedeutet keinen Eingriff in die Population. Hierdurch lassen sich Informationen darüber erhalten, ob sich die Arten an einem Gewässer fortpflanzen. Dessen ungeachtet, bedarf sogar das Sammeln der Exuvien nach der aktuellen Gesetzeslage in Deutschland einer Genehmigung der Unteren Naturschutzbehörde.

Dokumentieren

Mit Digitalkameras lassen sich Libellen meist gut fotografieren, mit Glück und Geduld aus nächster Nähe. Folgende Aspekte sind für die Bestimmung sinnvoll oder gar sehr wichtig und deshalb fotografisch zu erfassen:

- je einmal komplettes Tier von oben und seitlich,
- gegebenenfalls Flügel und Kopfhinterrand (vor allem Coenagrioniden),
- Thorax von der Seite, inklusive der Beine,
- Kopf von schräg vorn (vornehmlich bei Heidelibellen (*Sympetrum* spec.)),
- Hinterleibsanhänge jeweils von oben und seitlich,
- Eilegeapparat am Ende des Hinterleibs der Weibchen von der Seite.

Um Libellen fangen zu dürfen, ist eine Genehmigung erforderlich; diese stellt die Naturschutzbehörde auf Antrag aus. Beim Festhalten der Tiere, die unbedingt voll ausgehärtet sein sollten, ist auf saubere und trockene Finger zu achten. Zwar sind die zarten Flügel robust. Werden sie jedoch mit feuchten oder fettigen Fingern berührt, verkleben sie rasch, und das Tier hat nur noch sehr geringe Überlebensmöglichkeiten. Fotos gefangener Libellen sollten zügig angefertigt werden, danach sind die Tiere umgehend freizulassen.

4.3.5 Schmetterlinge

Gaby Schulemann-Maier

Über 180000 Schmetterlingsarten gibt es laut derzeitigem Wissensstand weltweit, rund 3700 Spezies sind in Deutschland heimisch. Von diesen sind lediglich 184 Arten Tagfalter und somit tagaktiv. Zu den Schmetterlingen (Lepidoptera) gehören jedoch genauso die Nachtfalter, im alltäglichen Sprachgebrauch oft als Motten bezeichnet. Aus Sicht der Biologen ist dieser Begriff nicht korrekt, da bei Weitem nicht alle nachtaktiven Schmetterlinge zu Familien mit dem Namensbestandteil «Motten» gehören.

In ihrer Größe unterscheiden sich die bei uns heimischen Schmetterlinge erheblich. Besonders stattliche Arten wie der Totenkopfschwärmer (*Acherontia atropos*) haben Flügelspannweiten von knapp über 120 mm. Entsprechend heißen diese Tiere Großschmetterlinge. Am anderen Ende der Größenskala stehen die Kleinschmetterlinge, von Forschenden als Mikrolepidoptera bezeichnet. Geradezu winzig sind etwa Arten aus der Familie der Schopfstirnmotten (Tischeriidae) mit einer Flügelspannweite von nur 2 mm.

Bis auf wenige Ausnahmen haben alle Schmetterlinge vier Flügel und können fliegen. Die Weibchen einiger Arten sind jedoch flugunfähig, ihre Flügel sind stark reduziert oder sogar vollständig verkümmert. Auf den Flügeln befinden sich feine Schuppen, die für die variantenreiche Färbung der Schmetterlinge mitverantwortlich sind. Larven der Schmetterlinge werden Raupen genannt. Sie tragen noch keine Flügel und haben meist einen länglichen, recht schmalen Körper.

Schmetterlinge und Raupen sind wichtige Nahrung für andere Tiere, darunter Vögel. Auf Veränderungen ihrer Umwelt reagieren zahlreiche Schmetterlingsarten vergleichsweise schnell. Deshalb erlaubt ihre An- oder Abwesenheit Rückschlüsse auf den Zustand des jeweiligen Lebensraumes.

Bestimmen

Details zu beachten, ist beim Bestimmen von Schmetterlingen sehr wichtig. Einige Arten lassen sich anhand ihrer typischen Flügelzeichnung erkennen. Überdies lohnt es sich, die Form der Fühlerkeulen der Tagfalter genauer zu betrachten. In einigen Fällen erleichtert dies die Bestimmung. Außerdem schadet es nicht, auf den Lebensraum sowie die dort vorkommenden Pflanzen zu achten. Denn manche Raupen lassen sich anhand ihrer Nahrungspflanzen auf Artniveau bestimmen. Und wo die Raupen einer Art leben, sind für gewöhnlich die dazugehörigen Schmetterlinge ebenso anzutreffen.

© Elke Dilzer

Kleines Nachtpfauenauge (*Saturnia pavonia*)

Darüber hinaus kann das zeitliche Auftreten der Individuen einer Art – die sogenannte Flugzeit – ein hilfreiches Erkennungsmerkmal sein. Frostspanner fliegen im Winter, wohingegen zum Beispiel die Grüne Langhornmotte (*Adela reaumurella*) hauptsächlich im Frühling beobachtet werden kann. Vergleichbares gilt für das zeitliche Vorkommen der Raupen der einzelnen Arten.

Fachliteratur zurate zu ziehen oder sich mit anderen fachkundigen Naturinteressierten auszutauschen, ist beim Bestimmen von Schmetterlingen und Raupen grundsätzlich empfehlenswert.

Im Folgenden stellen wir einige wichtige Bestimmungsmerkmale von in Deutschland häufig beobachteten Schmetterlingsfamilien vor. Diese Ausführungen sind angesichts der großen hierzulande vorkommenden Artenfülle lediglich als kleine Auswahl zu verstehen. Auf bestimmungsrelevante Merkmale der Raupen gehen wir nicht ein, weil das Themenfeld zu komplex ist.

© Gaby Schulemann-Maier

Kleiner Sonnenröschen-Bläuling (*Aricia agestis*)

◇ Bläulinge (Lycaenidae):
Kleine bis mittelgroße tagaktive Schmetterlinge mit Flügelspannweiten von 18–40 mm. Männchen vieler Arten sind auf der Flügeloberseite blau, Weibchen braun. Zu den Bläulingen gehören ebenso die Feuerfalter (Männchen mit orange gefärbter Flügeloberseite, Weibchen braun) und die Zipfelfalter (Flügel beider Geschlechter meist braun, typischer zipfelförmiger Fortsatz an den Hinterflügeln). Beim Bestimmen am besten die Zeichnung der Flügelunterseite anschauen. Die Bläulinge bewohnen unterschiedliche Lebensräume von Wiesen bis zu Waldrändern. In Deutschland gibt es rund 50 Arten.

© Gaby Schulemann-Maier

Braunkolbiger Braun-Dickkopffalter (*Thymelicus sylvestris*)

◇ Dickkopffalter (Hesperiidae):
Kleine bis mittelgroße tagaktive Schmetterlinge, überwiegend braun gefärbt. Flügelspannweite je nach Art 24–34 mm. Auf den Flügeln entweder keine Zeichnung oder würfelförmige helle Flecken. Gedrungener Körperbau mit breiter Brust und Kopfpartie (Name!). 20 Arten aus dieser Familie leben in Deutschland. Sie bewohnen offene Landschaften wie Wiesen oder Trockenrasen.

© Rolf Jantz

Tagpfauenauge (*Aglais io*)

◇ Edelfalter (Nymphalidae):
Je nach Art kleine bis große tagaktive Schmetterlinge mit Flügelspannweiten zwischen knapp über 20 mm und 75 mm. Viele zeigen auf der Flügelober- und -unterseite eine lebhafte Färbung, teils mit Augenflecken. Bewohnen unterschiedliche Lebensräume von offenen Landschaften über Wälder und Heidelandschaften bis hin zu Mooren; mehrere Spezies sind regelmäßig im Siedlungsraum anzutreffen. In Deutschland gibt es circa 90 Arten .

◇ Eulenfalter (Noctuidae) und Erebidae:
Überwiegend nachtaktive Schmetterlinge, einige Arten gelten als tagaktive Nachtfalter. Größenspektrum variiert von klein bis sehr groß mit Flügelspannweiten von rund 15 mm bis fast 100 mm. Häufig überwiegen Grau- und Brauntöne, die Muster sind eher dezent. Einige Arten, darunter Vertreter der Unterfamilie der Bärenspinner (Arctiinae), sind recht farbenfroh. Rund 600 Spezies aus diesen beiden Familien sind in Deutschland nachgewiesen, sie bewohnen sämtliche Lebensräume inklusive des Siedlungsraumes.

© Bernhard Konzen

Hausmutter (*Noctua pronuba*)

◇ Ritterfalter (Papilionidae):
Große tagaktive Schmetterlinge mit Flügelspannweiten von 45–86 mm. Flügel meist gelblich oder weißlich mit kontrastreichem Streifen- und Fleckenmuster. Eleganter, segelnder Flugstil. Bewohnen offene Landschaften. In Deutschland sind sechs Arten nachgewiesen.

© Gaby Schulemann-Maier

Schwalbenschwanz (*Papilio machaon*)

◇ Rüsselzünsler (Crambidae):
Hauptsächlich nachtaktive kleine bis mittelgroße Schmetterlinge; rund 15 mm bis über 40 mm Spannweite. Färbung variiert von Art zu Art, mehrheitlich schlicht, andere kontrastreich und auffällig, teils sogar bunt. Kommen in allen Lebensräumen inklusive Ortschaften vor, etwa 180 Arten sind in Deutschland nachgewiesen worden.

© Peter Trentz

Goldzünsler (*Pyrausta aurata*)

© Karin-Simone Hauth

Kleiner Weinschwärmer (*Deilephila porcellus*)

◇ Schwärmer (Sphingidae):
Größtenteils nachtaktive Schmetterlinge, einige Arten tagaktiv, zum Beispiel das Taubenschwänzchen (*Macroglossum stellatarum*). Mittelgroße bis sehr große Falter mit Flügelspannweiten von knapp 40 mm bis über 120 mm. Bewohnen offene Landschaften, Hecken, Waldränder und Ähnliches, ebenso im Siedlungsraum zu beobachten. Mit 20 Arten in Deutschland vertreten.

© Brigitte Schmaelter

Klee-Gitterspanner (*Chiasmia clathrata*)

◇ Spanner (Geometridae):
Nachtaktive kleine bis relativ große Schmetterlinge. Teils nur mit Flügelstummeln (Frostspanner-Weibchen); bis hin zu 65 mm Spannweite. Ruhen am Tag für gewöhnlich mit flach ausgebreiteten Flügeln. Färbung je nach Art variabel von schlicht graubraun über zartgrün und gelb bis kontrastreich schwarz-weiß. In allen Lebensräumen inklusive Ortschaften auffindbar, circa 440 Arten in Deutschland.

© Thorsten und Wolfgang Klumb

Zitronenfalter (*Gonepteryx rhamni*)

◇ Weißlinge (Pieridae):
Mittelgroße bis relativ große tagaktive Schmetterlinge, Flügel überwiegend weiß oder gelb. Einige Arten zeigen dunkle Flügeladern oder schwarze Flecken auf den Flügeln; zwischen 35 mm und 65 mm Flügelspannweite. Knapp 20 Spezies in Deutschland, bewohnt werden blütenreiche Gebiete, oft sogar strukturarme Agrarflächen. Einige Weißlinge leben im Siedlungsraum.

◇ **Widderchen (Zygaenidae):**
Mittelgroße tagaktive Nachtfalter mit Flügelspannweiten von rund 20–40 mm. Grünwidderchen mit metallisch grün schimmernden Flügeln, Rotwidderchen, auch Blutströpfchen genannt, mit blutroten Flecken auf schwarzen Flügeln. Hauptsächlich in offenen Landschaften, zum Beispiel auf Wiesen. Rund 25 Arten wurden in Deutschland nachgewiesen.

© Hermann Klee

Beilfleck-Widderchen (*Zygaena loti*)

◇ **Zünsler (Pyralidae):**
Nachtaktive kleine bis mittelgroße Falter mit Flügelspannweiten von circa 15–30 mm. Färbung variiert je nach Art, mehrheitlich Grau- und Brauntöne, einige Spezies sind deutlich bunter. Kommen in offenen Lebensräumen vor, auch im urbanen Raum. Vertreten in Deutschland mit knapp 110 Arten.

© Reinhard Teufel

Mehlzünsler (*Pyralis farinalis*)

Beobachten: Wann und wo?

Schmetterlinge können das gesamte Jahr über beobachtet werden. Die Flugzeit der meisten Arten fällt in die warmen Monate, im Winter sind nur wenige Arten aktiv. Tagaktive Schmetterlinge zeigen sich bevorzugt dann, wenn es zwar warm, aber nicht zu heiß und nicht allzu windig ist. In der Nähe künstlicher Lichtquellen ruhen tagsüber oftmals nachtaktive Schmetterlinge. Nachts kann man einige von ihnen ebenfalls an Laternen und Co. fliegen sehen.

In nahezu allen Lebensräumen Deutschlands sind Schmetterlinge und ihre Larven heimisch. Etliche Arten finden auch im Siedlungsraum ihr Auskommen. Für Schmetterlinge ungewöhnlich ist der Lebensraum der Raupen des Seerosen-Zünslers (*Elophila nymphaeata*): sie entwickeln sich größtenteils unter Wasser und atmen dabei über die Hautoberfläche.

© Gerhard Kleinschrod

Raupen der Pfaffenhütchen-Gespinstmotte (*Yponomeuta cagnagella*) in ihrem Gespinst.

Dokumentieren

Mehrheitlich lassen sich unsere heimischen Tagfalter gut anhand von Fotos bestimmen. Bei Nachtfaltern sind Bestimmungen mittels Bildern teils ein wenig schwieriger oder gar unmöglich. In solchen Fällen müssten Untersuchungen per Mikroskop durchgeführt werden, wofür sehr viel Erfahrung nötig ist. Schmetterlinge stehen zudem unter gesetzlichem Schutz und dürfen ohne eine behördliche Ausnahmegenehmigung nicht gefangen werden. Damit bleibt den meisten Naturinteressierten nur das Betrachten mit bloßem Auge. Das Einfangen der Tiere zum genaueren Ansehen ist allein schon deshalb nicht ratsam, weil die empfindlichen Flügel beschädigt werden könnten.

Um Schmetterlingsbeobachtungen zu dokumentieren, sollten Interessierte also lieber Fotos anfertigen. Im Idealfall zeigen diese die Tiere aus unterschiedlichen Perspektiven. Sinnvoll ist es dabei, folgende Ansichten mit der Kamera einzufangen:

- je eine Aufnahme der Flügel von oben und von unten (Schmetterlinge),
- Detailaufnahme der Fühler (Schmetterlinge),
- je eine Aufnahme von oben und von der Seite (Raupen),
- Foto der Nahrungspflanzen (Schmetterlinge und Raupen).

Tipp:

Auf NABU-naturgucker.de steht für die 100 am häufigsten in Deutschland beobachteten tagaktiven Schmetterlingsarten eine automatische Erkennungshilfe bereit, siehe Erläuterungstext auf https://naturgucker.info/falter-erkennungshilfe/ und S. 170. Ausführliche Beschreibungen von weit über 100 Schmetterlingsarten sowie eine weitere automatische Erkennungshilfe gibt es auf https://nabu-naturgucker.de/app/Insektensommer.

4.3.6 Wanzen

Gaby Schulemann-Maier

Rund 40000 Wanzenarten sind der Forschung derzeit aus aller Welt bekannt, etliche Arten dürften noch unentdeckt sein. In Deutschland leben rund 900 Arten. Sie bewohnen eine Vielzahl unterschiedlicher Lebensräume von der Laubstreu über Pflanzen bis hin zu Gewässern. Sogar in Gebäuden kommen einige Wanzenarten vor.

Der Körper der Wanzen teilt sich in drei Bereiche auf, die sich ihrerseits aus mindestens drei einzelnen Segmentabschnitten zusammensetzen. Diese sind der Kopf (Caput), die Brust (Thorax) und der Hinterleib (Abdomen). Alle Wanzen haben im Gesicht einen Saugrüssel, mit dem sie ihre Nahrung aufnehmen. Ihre meist viergliedrigen Fühler tragen sie ebenfalls am Kopf. Auf dem Scheitel befinden sich bei vielen Wanzen zwischen den seitlich angeordneten Komplexaugen kleine Einzelaugen (Ocellen).

Man bezeichnet den Rückenteil des ersten Brustabschnitts der Wanzen als Halsschild (Pronotum), der Rückenteil des zweiten wird Schildchen (Scutellum) genannt. Diese Körperpartie kann unterschiedlich groß sein. Bei einigen Arten ist das Schildchen besonders lang und reicht bis zum Hinterleibsende, so etwa bei den Arten aus der Familie der Schildwanzen (Scutelleridae).

Erwachsene Streifenwanzen (*Graphosoma italicum*) und Larven

Am Brustabschnitt setzen die beiden Flügelpaare an. Das vordere Flügelpaar der Wanzen wird als Halbdecken (Hemielytren) bezeichnet. Sie sind aufgebaut aus einem verhärteten vorderen Bereich, der etwa die Hälfte bis zwei Drittel der Flügellänge ausmacht, und einer häutigen, meist transparenten Membran im hinteren Abschnitt. Ebenfalls häutig sind die Hinterflügel, sie können bei einigen Wanzenarten fehlen.

Auf der Körperunterseite finden sich die drei Beinpaare, pro Brustabschnitt ist es jeweils eines. Abhängig davon, auf welchen Lebensraum die Wanzenarten im Einzelnen spezialisiert sind, verfügen die Tiere über Lauf-, Sprung-, Fang- oder Schwimmbeine.

Elf Segmente bilden den Hinterleib. Dessen Rand, das Connexivum, ragt bei einigen Arten seitlich unter den Halbdecken hervor. In vielen Fällen sind das Farbmuster und die Ausprägung des Hinterleibsrandes wichtige arttypische Merkmale.

Hinsichtlich ihrer Färbung sind die in Deutschland heimischen Wanzenarten höchst variabel. Es gibt schlichte, einfarbig bräunliche Spezies, fast vollständig grüne, metallisch glänzende oder rot-schwarz gestreifte Wanzen. Manche Arten sind sehr klein, so misst etwa die Gemeine Springwanze (*Saldula saltatoria*) nur rund 4 mm. Bis zu 16 mm kann die Graue Gartenwanze (*Rhaphigaster nebulosa*) lang sein, sie ist unsere größte an Land lebende heimische Art. Der im Wasser lebende Wasserskorpion (*Nepa cinerea*) wird sogar bis zu 25 mm lang (Kopf-Rumpf-Länge).

Larven der Wanzen durchlaufen mehrere Stadien, bis sie sich schließlich zum erwachsenen Insekt (Imago) entwickelt haben. Sie sehen den adulten Tieren meist schon in frühen Entwicklungsstadien relativ ähnlich. Anfangs sind bei ihnen noch keine Flügel erkennbar, erst in älteren Stadien sind die Flügelanlagen als kurze Stummel sichtbar.

Bestimmen

Wer wenig Erfahrung mit der Beobachtung von Wanzen hat, kann sie leicht mit Käfern verwechseln. Hilfreich ist es, die Mundwerkzeuge (Saugrüssel bei den Wanzen) und die Beschaffenheit des vorderen Flügelpaares (Halbdecken statt komplett verhärteter Deckflügel wie bei den Käfern) zu betrachten.

Eine Reihe von Wanzenarten lässt sich mit ein wenig Übung relativ leicht draußen oder anhand von Bildern bestimmen. Andere sind nur auf Artebene bestimmbar, wenn die Tiere getötet und unter einem Mikroskop betrachtet werden – ein Vorgehen, welches lediglich mit behördlicher Fanggenehmigung erlaubt ist. Hinsichtlich der Bestimmung gilt für Wanzenlarven Ähnliches wie für die erwachsenen Tiere, nicht alle sind leicht auf Artniveau erkennbar.

Im Folgenden stellen wir die wichtigsten Merkmale einiger in Deutschland häufig bis gelegentlich anzutreffender Wanzenfamilien vor und beziehen uns dabei auf adulte Insekten. Verstehen Sie dies als ersten Einblick in die abwechslungsreiche Insektengruppe.

◇ Baumwanzen (Pentatomidae):
Zwischen 5 mm und 16 mm lang. Sind in vielen Lebensräumen inklusive Städten weit verbreitet. Farblich sehr variabel, oft ausgesprochen bunt. Viele Arten haben ein recht großes Schildchen. Ernähren sich hauptsächlich von Pflanzensäften, manche saugen zudem an kleinen Tieren wie Blattläusen und Raupen. Es wurden in Deutschland 51 Arten nachgewiesen.

© Karin-Simone Hauth

Zwei Schwarzrückige Gemüsewanzen (*Eurydema ornata*)

◇ Bodenwanzen (Lygaeidae):
Körperlängen zwischen rund 3,5 mm und 12,5 mm. Farblich teils schlicht graubraun, daneben kommen auffällig rot-schwarz gefärbte Spezies vor. Bodenwanzen saugen an Pflanzenteilen. Meist in offenen Lebensräumen, manche Arten bevorzugen Areale mit lockeren, sandigen Böden. Einige Spezies leben auf Bäumen wie Erlen (*Alnus* spec.), Linden (*Tilia* spec.) oder Birken (*Betula* spec.). Mit 24 Arten in Deutschland vertreten.

© Thilo Bruder

Lindenwanzen (*Oxycarenus lavaterae*)

◇ Erdwanzen (Cydnidae):
Je nach Art ungefähr 3,2–12 mm lang. Etliche Erdwanzen sind größtenteils schwarz mit glänzender Körperoberseite. Ernähren sich von Pflanzensäften und bewohnen überwiegend offene Lebensräume. In Deutschland kommen 15 Arten vor.

© Peter Reus

Schwarzweiße Erdwanze (*Tritomegas bicolor*)

© Peter Reus

Versammlung der Gemeinen Feuerwanzen (*Pyrrhocoris apterus*)

◇ Feuerwanzen (Pyrrhocoridae):

Nur zwei Arten sind in Deutschland heimisch, eine davon ist selten. Körperlänge von 5,5–11,5 mm. Die häufige Gemeine Feuerwanze (*Pyrrhocoris apterus*) ist rot-schwarz gefärbt, die Mönchswanze (*Pyrrhocoris marginatus*) schwarz. Beide Arten saugen Pflanzensäfte und bevorzugen warme Lebensräume.

© Gaby Schulemann-Maier

Rhombenwanze (*Syromastus rhombeus*)

◇ Randwanzen (Coreidae):

Überwiegend bräunlich gefärbte Wanzen mit einer Körperlänge von je nach Art 5,5–20 mm. Etliche Spezies mögen (trocken-)warme, sonnige Standorte, leben auf dem Erdboden oder auf verschiedenen Pflanzen, unter ihnen Schmetterlingsblütler (Fabaceae), Ampfer (*Rumex* spec.) und Kiefern (*Pinus* spec.). 19 Arten in Deutschland.

© Bernhard Konzen

Rote Mordwanze (*Rhynocoris iracundus*)

◇ Raubwanzen (Reduviidae):

Körperlänge von etwa 4–21 mm. Viele Arten sind graubraun oder braun, daneben kommen Spezies mit rot-schwarzer oder schwarzer Färbung vor. Raubwanzen leben räuberisch und saugen kleine Wirbellose beziehungsweise Insekten aus; die Beutetiere können größer sein als sie selbst. Bewohnt werden viele verschiedene Lebensräume wie Wiesen, Hecken und Bäume. Es kommen 14 Arten in Deutschland vor.

◇ Schildwanzen (Scutelleridae):

Namensgebend ist bei diesen Wanzen das sehr große Schildchen, das die Flügel größtenteils oder vollständig bedeckt. Sie sind farblich variabel von bräunlich bis rötlich. Körperlänge je nach Art von rund 6–13 mm. Ernähren sich von Pflanzensäften und kommen in verschiedenen Lebensräumen vor, meist in offenen und eher warmen Landschaften. 10 Arten sind in Deutschland heimisch.

© Istvan und Sabine Palfi

Schildkrötenwanze
(*Eurygaster testudinaria*)

◇ Sichelwanzen (Nabidae):

Körperlänge von rund 5–11,5 mm (je nach Art). Mehrheitlich zeigen sie eine gelbbraune bis rotbraune Färbung, daneben gibt es schwarze beziehungsweise rotschwarze Tiere. Sichelwanzen leben räuberisch und erbeuten zum Beispiel andere kleine Insekten. Bewohnen unterschiedliche Lebensräume, darunter Wiesen. Es gibt 16 Arten in Deutschland.

© Karin Simone Hauth

Flügellose Sichelwanze
(*Nabis apterus*)

◇ Stachelwanzen (Acanthosomatidae):

Zwischen 8 mm und 15 mm lang. Wirken teils verhältnismäßig bunt, in vielen Fällen mit Grün- und Rottönen. Ernähren sich von Pflanzensäften und leben auf Bäumen sowie Gehölzen. Mit sieben Arten in Deutschland vertreten.

© Hans Schwarting

Wipfel-Stachelwanze
(*Acanthosoma haemorrhoidale*)

© Rainer Ziebarth

Dreipunkt-Weichwanze (*Capsodes gothicus*)

◇ Weichwanzen (Miridae):

Von rund 2,5–11,5 mm lang, schlicht bräunlich oder grünlich, mit oder ohne auffälliges Muster – die Familie der Weichwanzen ist sehr variabel. Bewohnt werden unterschiedliche Lebensräume, viele Arten sind auf Wiesen zu finden, andere auf Bäumen oder Sträuchern. Ernähren sich von Pflanzensäften. Es sind 339 Arten in Deutschland heimisch.

© Joachim Das

Wasserskorpion (*Nepa cinerea*)

◇ Wanzen am und im Wasser:

Auf und in stehenden sowie langsam fließenden Gewässern leben Wanzen aus verschiedenen Familien; darüber hinaus sind feuchte Uferzonen ein wichtiger Lebensraum. Dort finden sich die teils nur wenige Millimeter großen Springwanzen beziehungsweise Uferwanzen (Saldidae, 25 Arten in Deutschland). Über die Wasseroberfläche laufen können die mittelgroßen bis großen Wasserläufer (Gerridae, zwölf Arten in Deutschland) sowie die sehr schmal gebauten, langen Teichläufer (Hydrometridae, zwei Arten in Deutschland).

© Josef Alexander Wirth

Gerris-Wasserläufer (*Gerris* spec.) auf einem Gewässer

Unter Wasser leben die mittelgroßen bis großen Ruderwanzen (Corixidae, 36 Arten in Deutschland), die mit dem Rücken nach oben schwimmen. Bei den ähnlich großen Rückenschwimmern (Notonectidae, sechs Arten in Deutschland) weist beim Schwimmen dagegen der Bauch nach oben. Außerdem lebt im Wasser die Schwimmwanze *(Ilyocoris cimicoides)* aus der gleichnamigen Familie (Naucoridae), und es kommen dort Skorpionswanzen (Nepidae, zwei Arten in Deutschland) vor. Letztere sind sehr groß und haben ein langes Atemrohr am Hinterleibsende.

Die Nahrungsvorlieben sind von Art zu Art unterschiedlich, zum Beispiel jagen Rückenschwimmer die Larven von Amphibien.

Beobachten: Wann und wo?

Um in die Beobachtung von Wanzen einzusteigen, sind keine speziellen Gerätschaften erforderlich. Gegebenenfalls kann der Einsatz einer Lupe sinnvoll sein. Vom zeitigen Frühling bis in den späten Herbst lassen sich Wanzen in Deutschland beobachten. Dies gilt hauptsächlich für erwachsene Individuen. Larven sind je nach Art eher ab dem späteren Frühling bis in den Spätsommer oder frühen Herbst zu finden. Während des Winters halten sich Wanzen in kältegeschützten Verstecken auf.

In sehr vielen unterschiedlichen Lebensräumen lassen sich diese Insekten aufspüren. Es lohnt sich beispielsweise, in (naturnahen) Gärten und Parkanlagen nach ihnen zu suchen. Viele Teiche im Siedlungsraum beherbergen im Wasser lebende Wanzenarten. Ruderalflächen, Wiesen, Gebüsche und Waldränder können gleichfalls ergiebige Beobachtungsgebiete sein.

Dokumentieren

Zum Dokumentieren von Wanzenfunden sollten am besten Belegbilder der beobachteten Tiere angefertigt werden. Mit ein wenig Glück handelt es sich um Arten, die sich anhand von Fotos bestimmen lassen. Beim Melden der Sichtungen ist es wichtig, das Alter (erwachsenes oder jugendliches Insekt) mit anzugeben.

Es empfiehlt sich, folgende Fotos von Wanzen und ihren Larven anzufertigen:

- von oben,
- von den Seiten,
- Detailaufnahmen von den Beinen, dem Kopf und dem Hinterleib (nur erforderlich, sofern nicht mit einer leistungsstarken Kamera mit hoher Auflösung gearbeitet wird und diese Details auf den anderen Fotos nicht gut zu erkennen sind).

4.3.7 Weitere Insekten

Gaby Schulemann-Maier

Neben den in den vorangegangenen Kapiteln vorgestellten großen Insektengruppen – genau genommen sind es Ordnungen – gibt es etliche weitere. Besonders auffällig sind beispielsweise:

- Zweiflügler (Diptera), darunter Familien wie die Schwebfliegen (Syrphidae) und die Echten Fliegen (Muscidae),
- Schnabelkerfe (Hemiptera), hierzu gehören neben anderen die teils erstaunlich bunten Zwergzikaden (Cicadellidae) sowie die zarten Röhrenblattläuse (Aphididae),
- Netzflügler (Neuroptera), zu den bekanntesten Vertreterinnen zählen die Florfliegen (Chrysopidae),
- Ohrwürmer (Dermaptera), umgangssprachlich oft auch Ohrenkneifer genannt.

Sie alle haben einen insektentypisch dreigeteilten Körperbau. Weil sie an unterschiedliche Lebensweisen und -räume angepasst sind, ist die genaue Ausgestaltung dieses «Bauplans» höchst verschieden.

Büffelzikade (*Stictocephala bisonia*)

Hornissenschwebfliege (*Volucella zonaria*)

Bestimmen

Bringen Sie zunächst in Erfahrung, zu welcher Ordnung die gesehenen Tiere gehören. Dabei kann die automatische Erkennungshilfe, die für das Projekt «NABU Insektensommer» entwickelt wurde, hilfreich sein. Damit lassen sich Insektenfotos auf https://nabu-naturgucker.de/app/insektensommer kostenlos analysieren. Erkannt werden in vielen Fällen nicht nur Ordnungen, sondern darüber hinaus Familien.

Daran anschließend empfiehlt es sich, spezielle Fachliteratur zur jeweiligen Insekten-Artengruppe zu verwenden oder sich mit erfahrenen Naturbegeisterten auszutauschen. Je nach Insektenordnung sind jeweils spezielle Details beim Bestimmen wichtig, zum Beispiel die Anordnung der Flügeladern bei einigen Fliegenarten.

Nicht immer gelingt es, Insekten anhand von Fotos auf Artniveau zu bestimmen. Einige Spezies sind nur durch Untersuchungen mittels Mikroskop genau bestimmbar. Trotzdem sollte sich niemand entmutigen lassen. So ist es schon ein großer Erfolg, Tiere aus der Familie der Schnaken (Tipulidae) von solchen aus der Familie der Stelzmücken (Limoniidae) unterscheiden zu können. Am besten setzen Sie sich bei der Bestimmung von Insekten selbst nicht unter Druck und beherzigen die Weisheit «der Weg ist das Ziel». Und lassen Sie sich von erfahrenen Naturbegeisterten helfen.

© Ulrich Sach

Spannendes Fortpflanzungs-Detail: Florfliegeneier sitzen auf kleinen Stielen.

Beobachten: Wann und wo?

In Deutschland lassen sich praktisch ganzjährig und überall Insekten beobachten. Der Großteil der Arten ist vom Frühling bis in den Herbst aktiv. Während der kalten Monate treffen Sie unter anderem in Wäldern vielleicht auf Wintermücken (Trichoceridae) oder in einem Badezimmer auf Silberfischchen (*Lepisma saccharina*). Halten Sie stets die Augen offen, dann lässt sich viel Spannendes entdecken.

Dokumentieren

Ihre Insektenfunde dokumentieren Sie am besten mit Fotos. Falls Sie diese zur Bestimmung einsetzen möchten, fertigen Sie Bilder aus mehreren Betrachtungswinkeln an:

- je ein Foto von oben und von der Seite, ggf. von unten,
- Detailaufnahmen von den Beinen, dem Kopf, dem Hinterleib und den Flügeln (nur erforderlich, sofern nicht mit einer leistungsstarken Kamera mit hoher Auflösung gearbeitet wird und diese Details auf den anderen Fotos nicht gut zu erkennen sind).

4.4 Moose

Gaby Schulemann-Maier

In Wäldern bilden Moose auf Bäumen, Totholz oder dem Boden an vielen Stellen dichte Polster. Auf Steinen und Felsen finden die kleinen Landpflanzen an feinsten Unebenheiten Halt. Genauso erfolgreich sind sie im Siedlungsraum. An Mauern und auf Dächern gedeihen sie beispielsweise ebenso wie in Pflastersteinfugen – nicht überall sind sie willkommen.

Obwohl oft ungeliebt oder für banal gehalten, sind Moose äußerst beeindruckend: Sie haben eine lange evolutionsbiologische Geschichte und gehören zu den ältesten Pflanzen der Erde. Vermutlich haben sich die ersten Moose vor 400 bis 450 Millionen Jahren entwickelt. Ihre Vorläufer waren wahrscheinlich Grünalgen in den Gezeitenzonen der Urmeere.

Sämtliche heute vorkommenden Moose sind Sporenpflanzen. Sie verfügen wie die Höheren Pflanzen über Zellwände aus Zellulose, jedoch ohne Lignin. Mithilfe grüner Farbstoffe (Chlorophylle) betreiben sie Fotosynthese.

Heute vorkommende (rezente) Arten werden in drei Abteilungen gegliedert: Hornmoose (Anthocerotophyta), Laubmoose (Bryophyta) und Lebermoose (Marchantiophyta). Laut derzeitigem Kenntnisstand gibt es heute etwa 1600 Moosarten auf der Erde. Über 1100 Spezies sind in Deutschland beheimatet, von denen allerdings fast 30 % als gefährdet, stark gefährdet oder vom Aussterben bedroht eingestuft werden. Weitere 54 Arten gelten als ausgestorben.

Bei den Moosen gibt es zwei unterschiedlich aussehende Generationen, die stets nacheinander auftreten: eine geschlechtliche, die als Gametophyt bezeichnet wird, und eine ungeschlechtliche, deren Name Sporophyt lautet. Die Gametophyten sind das, was wir landläufig Moospflanzen nennen. Je nach Art sind sie beblättert (folios) oder lappig (thallos). Oftmals wächst der Sporophyt auf dem Gametophyt und trägt eine Sporenkapsel. In den meisten Fällen wird er durch den Gametophyt mit Nährstoffen versorgt.

Torfmoos (*Sphagnum* spec.) mit seinen rotbraunen Sporophyten

Anstelle von Wurzeln haben Moose feine Zellfäden (Rhizoide), die sie am Untergrund fixieren. Stabile Zellulose bildet die Zellwände. Diese Robustheit der winzigen

Strukturen ist wichtig, weil Moose bei feuchter Witterung Wasser einlagern. Ihre Zellen blähen sich dadurch beträchtlich auf – platzende Zellwände würden das Aus bedeuten. Aufgrund ihrer Eigenschaft, erhebliche Mengen Wasser speichern zu können, schützen Moose effektiv und auf natürliche Weise vor Hochwasser. Während starker Niederschläge oder der Schneeschmelze saugen sie sich voll und geben die Flüssigkeit nur langsam wieder ab. So können Moose lokale Überflutungen mitunter merklich abmildern.

Nichtsdestotrotz tolerieren viele Moose über eine gewisse Zeit sogar starke Trockenheit. Sie ziehen sich zusammen und werden dunkelgrün oder bräunlich. Manche auf exponierten Felsen siedelnde Moosarten ertragen neben Trockenperioden auch hohe Temperaturen. An diesen Extremstandorten kann es über 60 °C heiß werden.

Moose nehmen giftige Stoffe wie Schwermetalle oder radioaktive Substanzen aus der Luft auf und lagern sie ein. Chemische Untersuchungen der zierlichen Pflanzen erlauben direkte Rückschlüsse auf die Schadstoffbelastung der Luft. Europaweit stehen deshalb Moose als Zeigerpflanzen im Dienste der Wissenschaft. Darüber hinaus haben Moose eine antibakterielle Wirkung, einige Arten werden als Naturarzneimittel eingesetzt. Gleichwohl ist nicht alles, was so heißt, tatsächlich ein echtes Moos. Das berühmte Isländische Moos (*Cetraria islandica*), zum Beispiel, ist in Wahrheit eine Flechte, die verschiedene Heilwirkungen aufweist.

Bestimmen

Eine ganze Reihe von Moosarten lässt sich nur unter Berücksichtigung mikroskopischer Eigenschaften auf Artebene bestimmen. Somit ist ein Betrachten der Pflanzenteile unter einem Mikroskop erforderlich. Beobachtende sollten dazu über einige Erfahrung verfügen. Glücklicherweise machen es uns nicht alle Moose so schwer, manche Arten sind leicht zu erkennen. Dabei hilft es, mit den charakteristischen Merkmalen der drei Abteilungen der Moose vertraut zu sein.

◇ Hornmoose (Anthocerotophyta):

Der Gametophyt der Hornmoose ist für gewöhnlich recht klein, er misst maximal einige Zentimeter. Sein Lager (Thallus) ist meist flach, rosettenförmig und dunkelgrün. Am Rand sind die Blätter gelappt. Dagegen ist der Sporophyt beim überwiegenden Teil der Hornmoosarten mehrere Zentimeter hoch und horn- oder schotenförmig. Am Fuß ist er im Thallus verankert. In Deutschland kommen nur sehr wenige Hornmoosarten vor, ihr Verbreitungsschwerpunkt liegt in den Tropen. Weltweit gibt es nur rund 300 Arten, andere Quellen sprechen dagegen von lediglich circa 150 Arten.

Querwelliges Sternmoos (*Plagiomnium undulatum*)

◇ Laubmoose (Bryophyta):

Die Gametophyten der Laubmoose sind in Stämmchen und Blättchen gegliedert. In vielen Fällen sind die Blättchen schraubig angeordnet. Nur bei wenigen Arten stehen sie zwei- oder dreizeilig. Des Weiteren sind sie nie mehrspitzig, und ihre Mittelrippe ist mehrschichtig. Laubmoose sind normalerweise nur wenige Zentimeter hoch, oft deutlich niedriger. Ihre Färbung variiert von einem satten hellgrünen Farbton bei feuchten bis zu einer weißlichen, bräunlichen oder grünbraunen Färbung bei ausgetrockneten Pflanzen. Die Sporophyten der Laubmoose sind grundsätzlich gestielt, wobei dieser Stiel während der Reifung stetig wächst. An seinem oberen Ende trägt er die von einer Haube (Kalyptra) bedeckte Sporenkapsel.

◇ Lebermoose (Marchantiophyta):

Die Gametophyten der Lebermoose sind weitgehend sehr flach, und ihre Blätter haben keine Rippen. Zumeist gibt es drei Zeilen von Blättern, wobei die unten liegenden (ventralen) Blätter am kleinsten sind und oft eine andere Form aufweisen als die sich darüber befindenden Blätter. An den Rändern sind die Blätter gelappt, ihre Färbung ist häufig dunkelgrün, manchmal mittelgrün. Bei den Lebermoosen sind die Sporophyten sehr viel kurzlebiger als bei den Laubmoosen. In der Regel sind die Sporenkapseln der Lebermoose schon ausdifferenziert, bevor sich der kleine Stiel, an dem sie sich befinden, in die Höhe streckt.

Beobachten: Wann und wo?

Weil sie in einer Vielzahl von Lebensräumen vorkommen, lassen sich Moose leicht draußen aufspüren und das gesamte Jahr über beobachten – außer es bedeckt sie vorübergehend eine geschlossene Schneedecke. Nach Regenfällen oder der Schneeschmelze sind Moose meist sattgrün gefärbt, wohingegen sie nach längeren Trockenperioden filzig und dunkelgrün bis braun sind. Weil feuchte Moose für Ungeübte leichter zu bestimmen sind als trockene, sind längere Wärmeperioden im Hochsommer nicht unbedingt die beste Zeit, um Fotos für die Bestimmung anzufertigen. Beobachten lassen sich Moose dann freilich trotzdem. Es kann sehr interessant sein, dieselbe Pflanze, während sie trocken ist sowie nach kräftigem Regen im feuchten Zustand zu betrachten und gezielt auf die Unterschiede zu achten.

Zum Erkunden von Moosen reicht oft schon der Gang zur nächsten Gartenmauer, weil dort Arten wie das Polster-Kissenmoos (*Grimmia pulvinata*) häufig anzutreffen sind. Auf Hausdächern findet sich diese Spezies ebenfalls.

Gewöhnliches Glockenhutmoos (*Encalypta vulgaris*)

Kegelkopfmoos (*Conocephalum conicum*)

Interessant kann es zudem sein, steinige oder felsige Lebensräume aufzusuchen und dort nach Moosen Ausschau zu halten. Am ehesten wird man dort fündig, wo es schattige und feuchte Stellen gibt. Weil diese gerade im Sommer mitunter der Sonne ausgesetzt sind und austrocknen, finden sich Moose manchmal sogar an Standorten, an denen sie nicht unbedingt erwartet werden – die Pflanzen sind erstaunliche Überlebenskünstler.

Moore und sumpfige Gebiete können verschiedene Moosarten beherbergen, darunter vor allem Torfmoose (*Sphagnum spec.*). Sie gehören zu den Schlüsselarten von Hochmooren und binden enorme Mengen Wasser. Nach dem Absterben verdichten sie sich zu teils recht mächtigen Schichten und werden mit der Zeit zu Torf.

Eine Besonderheit mancher Moosarten feuchter Standorte ist es, dass sie neben Landformen sogenannte Wasserformen bilden. Diese zeigen sich, wenn sie in häufig überfluteten Bereichen wachsen. Wasserformen sind unter anderem daran zu erkennen, dass sie längere Stängel haben und für gewöhnlich weniger verzweigt sind als die Landformen.

Besonders artenreich ist die Moosgemeinschaft in naturnahen, feuchten Wäldern. Hauptsächlich im Schatten wachsen auf dem Boden, an Steinen, an lebenden Bäumen und auf Ästen sowie auf Totholz verschiedene Arten.

Die auf Bäumen oder Totholz gedeihenden Moose werden als Epiphyten (Aufsitzerpflanzen) bezeichnet. Epiphytische Moose kommen vornehmlich in den Tropen vor, in Mitteleuropa gibt es nur wenige. Unter ihnen ist das Krausblättrige Neckermoos (*Neckera crispa*). Auf abgestorbenem Holz finden sich Arten wie *Polytrichastrum formosum*. Und natürlich können Waldböden ideale Standorte für Moose sein. Dort wachsen beispielsweise das Etagenmoos (*Hylocomium splendens*) und das Tamarisken-Thujamoos (*Thuidium tamariscinum*).

Dokumentieren

Wer bestimmungsrelevante Details der Moose dokumentieren möchte, sollte im Idealfall mit Feuchtigkeit prall gefüllte Pflanzen fotografieren. Es ist sinnvoll, mehrere Fotos derselben Pflanze oder Pflanzengruppe anzufertigen:

- eine Aufnahme des Substrats bzw. Lebensraums (Waldboden, Baum, Moor und dergleichen),
- eine Aufnahme, die das Erscheinungsbild der Moosart (ihren Habitus) aus einer Entfernung von 50 cm bis 1 m zeigt,
- je eine Makroaufnahme einer einzelnen Pflanze von oben, von unten und von der Seite, damit Blattdetails erkennbar sind (zum Beispiel die Form der Blattspitzen und Ähnliches),
- sofern vorhanden, sollte aus nächster Nähe eine Detailaufnahme der Sporophyten angefertigt werden; dabei gilt: am besten je ein Foto von oben und von der Seite.

Verfügt man über ein Mikroskop, kann man Proben von Moosen mitnehmen und später untersuchen. Unterwegs sind sie feucht zu halten. Es dürfen aber grundsätzlich keine Pflanzen aus Schutzgebieten entnommen werden, und das Mitnehmen streng geschützter Arten ist gleichermaßen verboten. Sowohl beim Fotografieren als auch beim Sammeln von Moosproben sollte dem Lebensraum der Pflanzen kein Schaden zugefügt werden. Insbesondere Moore und Sümpfe sind extrem trittempfindlich. Aus Naturschutzsicht wäre es unverantwortlich, zum Sammeln oder Fotografieren von Torfmoosen eine Moorfläche zu betreten.

4.5 Pilze und Flechten

Dr. Rita Lüder, Peter Karasch

Neben den Pflanzen (Plantae) und Tieren (Animalia) bilden die Pilze (Fungi) ein weiteres Reich innerhalb des Stammbaumes des Lebens, das für Naturinteressierte viele spannende Beobachtungsmöglichkeiten bietet. Früher wurden die Pilze zu den Pflanzen gezählt. Erst seit 1969 gelten sie als eigenständige Organismengruppe, deren Geheimnisse nach wie vor nicht alle entschlüsselt sind. Wie viele Pilzarten es weltweit gibt, weiß niemand genau. Rund 120000 sind bislang bekannt. In Deutschland sind mehr als 14000 pilzliche Organismen nachgewiesen, geschätzt sind es circa 20000.

Nährstoffe gewinnen sie nicht wie die Pflanzen, die Fotosynthese betreiben, sondern sie ernähren sich ähnlich den Tieren (heterotroph). Pilze geben ihre Verdauungsenzyme nach außen ab und nehmen dann die verdauten Substanzen in ihr Hyphensystem auf. Somit sind Pilze von organischem Material abhängig, das sie auf unterschiedliche Weise verwerten. Unter ihnen finden sich Zersetzer organischen Materials (Sapro- und Xylobionten) sowie Pilzarten, die mit Pflanzen in einer für alle Beteiligten vorteilhaften Partnerschaft (Symbiose, genannt Mykorrhiza) leben, und solche, die auf Kosten anderer Arten als Schmarotzer gedeihen. Zu diesen Parasiten gehören zum Beispiel Pilze, die Insekten befallen und töten, unter ihnen die Orangerote Puppen-Kernkeule (*Cordyceps militaris*). Vermutlich stellen sie in der Natur ein Regulativ dar, da sie überwiegend geschwächte Organismen angreifen.

Eine besondere Stellung nehmen die Flechten (Lichenes) ein. Hier liegt eine Partnerschaft mit Algen vor, die die zum Leben notwendigen Kohlenhydrate mittels Sonnenlicht herstellen können. In Europa sind mehr als 2000 Flechtenarten bekannt, die von Lichenologen erforscht werden. Einige wenige Arten sind so charakteristisch, dass sie sich gut für Naturbeobachtungen eignen.

Orangerote Puppen-Kernkeule (*Cordyceps militaris*) als Parasit an der Puppe eines Eulenfalters

Was im alltäglichen Sprachgebrauch als Pilz bezeichnet wird, ist lediglich der Fruchtkörper des im Boden verborgenen Fadenwesens (Myzel). Nicht alle Pilze bringen Fruchtkörper hervor, die wir mit bloßem Auge erkennen können. Das ist normalerweise lediglich der Fall bei den Großpilzen (Makromyzeten), salopp gesagt; «mit bloßem Auge sichtbar und mit der Hand pflückbar».

Beobachten: Wann und wo?

Das gesamte Jahr über sind wir von Pilzen umgeben, weshalb es sich immer lohnt, beim Erkunden der Natur auf sie zu achten. Milde Winter bringen spezialisierte Pilzarten wie zum Beispiel die Winter-Samtfußrüblinge (*Flammulina velutipes* agg.) hervor. Je nach Art können Pilzfruchtkörper recht langlebig sein, einige können monate- oder sogar jahrelang beobachtet werden. Beispiele hierfür sind konsolenartig an Holz wachsenden Porlinge wie der mehrjährige Zunderschwamm (*Fomes fomentarius*) oder der einjährige, saisonale Schwefelporling (*Laetiporus sulfureus*). Bei Erdsternen (*Geastrum* spec.) trocknen die Fruchtkörper ein und können mit ein wenig Glück noch im Winter und im Folgejahr gefunden werden.

Zunderschwamm (*Fomes fomentarius*) an Totholz

Überall um uns herum gibt es Pilze – einige sogar auf der Haut oder in unserem Körper, auf unserem täglichen Speiseplan als Schimmelkäse, in Wein, Brot und Bier oder in Medikamenten wie Penizillin. Sehr ergiebige Beobachtungsplätze sind naturbelassene Wälder mit hohem Totholzanteil sowie artenreiche Magerwiesen. In Form von Flechten finden wir Pilze genauso auf vielen Gehwegplatten, Mauerkronen, Dachziegeln und sogar auf alten Verkehrsschildern im Siedlungsraum.

Bestimmen

Pilze zu bestimmen, ist in der Mehrheit der Fälle eine anspruchsvolle Aufgabe, nicht nur, wenn es um mikroskopisch kleine Arten geht. Allein anhand von Fotos lassen sich nur relativ wenige Pilzarten sicher bestimmen. Stattdessen sollten Pilze genau untersucht werden, wofür sie zunächst gesammelt werden müssen, ohne sie zu beschädigen. Am besten dreht man die Fruchtkörper vorsichtig aus dem Boden, damit alle Merkmale wie beispielsweise eine dicke

Knolle erhalten bleiben. Im Idealfall gibt es Fruchtkörper in verschiedenen Altersstadien, da sich diese im Laufe ihrer Entfaltung stark verändern. Sehr kleine Pilze lassen sich gut in Dosen mit ein wenig feuchtem Laub oder Moos unterbringen. Vor Ort sollten möglichst Merkmale wie Gerüche, Substrat und Begleitvegetation notiert werden.

Die Großpilze werden systematisch vor allem nach ihrer Fruchtschicht (Hymenium), dem Ort der Sporenproduktion, eingeteilt. Durch molekulargenetische Untersuchungen wird diese Systematik derzeit allerdings kontrovers diskutiert.

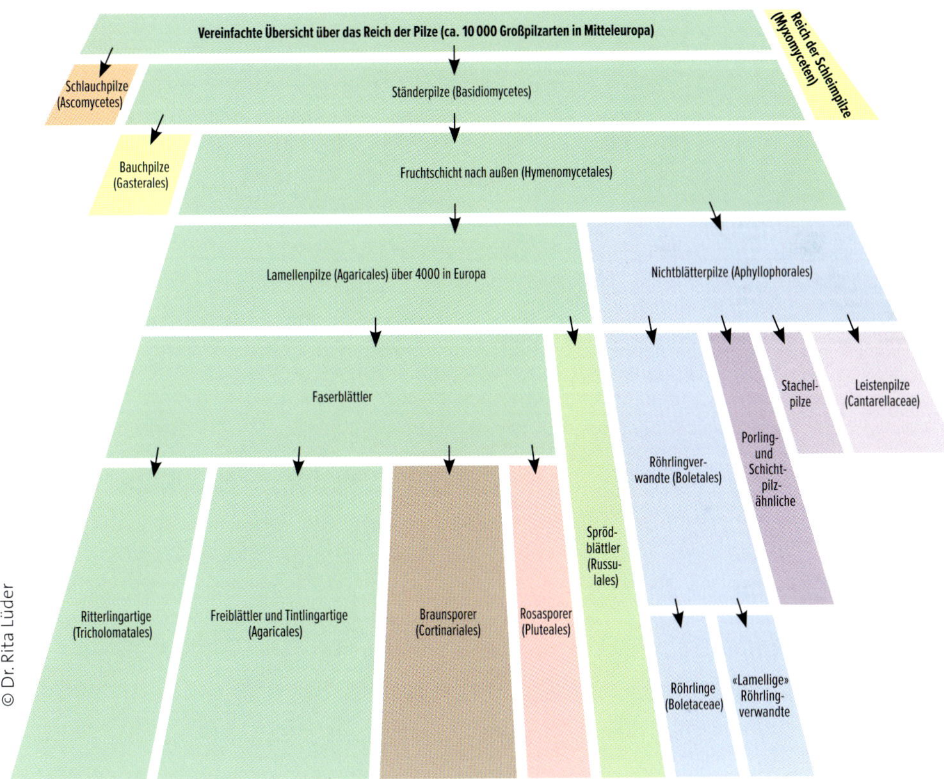

Stark vereinfachte Darstellung der Systematik der Pilze.

Das Reich der Pilze hat eine enorme Formenvielfalt. Im Tierreich spezialisieren sich die Fachleute auf eine bestimmte Tiergruppe, seien es Libellen, Amphibien oder Wirbeltiere. Dies ist bei den Pilzen nicht anders. Entsprechend gibt es Fachliteratur für die einzelnen Gruppen, darunter Porlinge und Röhrlinge.

© Rolf Jantz

Sich auflösender Hut des Spechttintlings (*Coprinopsis picacea*).

Beobachten: Wann und wo?

Ein unbekannter Pilz, von dem nur ein Exemplar vorliegt, ist oftmals nicht einmal bis zur Gattung bestimmbar! Innerhalb der Gattungen sind wiederum mikroskopische Merkmale wichtig, um die Art herauszubekommen. Im Pilzreich gilt es also, den Spaß an der Beobachtung zu behalten, obwohl die Bestimmung nicht erfolgreich abgeschlossen werden kann.

Der Markt bietet sehr gute Einsteigerliteratur und Kurse (PilzCoach, Feldmykologie und Pilzsachverständige). Etwa 150 bis 200 Pilzarten können ohne jegliche mikroskopische Hilfe sicher anhand ihrer Merkmale mit bloßem Auge und Handlupe bestimmt werden. Weitere 300 kann man weitgehend sicher so bestimmen, sollte aber zur Absicherung einen Blick auf einfache Mikromerkmale wie die Sporenmaße und Sporenform werfen. Soll es darüber hinausgehen, bedarf es einer guten Beobachtungsgabe, viel Felderfahrung und eben immer öfter Mikromerkmalen, die man mit einem Ölimmersions-Mikroskop mit 600- bis 1000-facher Vergrößerung beobachten kann.

Einteilung der Pilze (Systematik)

Schlauch- und Ständerpilze sind innerhalb der Großpilze die wichtigsten Klassen. Diese Unterteilung ist nur mikroskopisch nachvollziehbar. Bei den Ständerpilzen (Basidiomyceten) werden meist vier Sporen auf einer Sporenständerzelle (Basidie) gebildet. Schlauchpilze (Ascomyceten) bilden ihre Sporen in Schläuchen, meist sind es acht in einem Schlauch (Ascus). Neben Echten Trüffeln (*Tuber* spp.) gehören zu den Schlauchpilzen unter anderem Becherlinge, Morcheln, Lorcheln und Holzkeulen.

Viele Ständerpilze produzieren die Sporen auf der Unterseite eines Hutes, der auf einem Stiel sitzt. Ebenso gibt es keulen-, korallen- oder konsolenförmige Fruchtkörper mit einer enormen Formen- und Farbenvielfalt. Bei Hutpilzen zeigt ein Blick auf die Unterseite, ob es dort Lamellen (Blätter) gibt oder nicht. Entsprechend wird zwischen Blätterpilzen (Lamellenpilzen) und Nichtblätterpilzen (Aphyllophorales) unterschieden. Es gibt Blätterpilze, deren Fruchtkörper beim Brechen längs auffasern (Faserblättler) sowie solche, deren Fleisch spröde bricht (Sprödblättler). Unter den Nichtblätterpilzen finden sich solche mit Stacheln, Leisten, Röhren oder glatter bis runzeliger Fruchtschicht.

Die nicht klar in Hut und Stiel gegliederten Fruchtkörper produzieren die Sporen in der Regel auf der Außenseite der keulen- oder korallenförmigen beziehungsweise gewundenen Fruchtkörper.

Bei den Schlauchpilzen können die reifen Sporen aktiv ausgeschleudert werden, weshalb eine Ausrichtung der Fruchtschicht zum Erdmittelpunkt nicht notwendig ist. Mehrheitlich nach oben oder seitlich ausgerichtet sind die Fruchtschichten der Becherlinge.

Steife Koralle (*Ramaria stricta*)

© Nicola Glaser

Als Bauchpilz bildet der Dickschalige Kartoffelbovist (*Scleroderma citrinum*) die Sporen in seinem Inneren.

Eine Reihe von Pilzarten produziert ihre Sporen in ihrem Inneren. Gemeinhin haben wir es bei ihnen mit bauchigen, kugeligen bis birnenförmigen Gebilden zu tun. Diese können gestielt oder ungestielt sein. Sind die Sporen reif, strömen sie nach Berührung des Fruchtkörpers durch Risse oder kleine Öffnungen aus diesem heraus. Einige haben auch ein sogenanntes Hexenei-Stadium, das heißt, sie haben nur jung ihre Sporen im «Bauch» und bilden dann ruten-, gitter- oder tintenfischartige Gebilde aus. Allerdings sind die Bauchpilze nur eine Formengruppe, also keine taxonomische Einheit, sondern gehören zu den verschiedensten Ordnungen und Familien.

Wichtige Details

- Jahreszeit (viele Pilzarten haben einen saisonalen Schwerpunkt, der sich allerdings durch den Klimawandel immer weiter ausdehnt)
- Geruch (aasartig, anisartig, mehlig, pilzartig, es gibt Hunderte von Geruchskomponenten)
- Geschmack (mild, mehlig, scharf – Proben unbedingt ausspucken)
- Form des Fruchtkörpers
  - ohne Hut und Stiel, beispielsweise becher-, keulen- oder korallenförmig
  - mit oder ohne Teil- und Gesamthülle (s. Schema)
  - Hut auf deutlichem Stiel
    - Hutform
    - Hutgröße (Durchmesser)

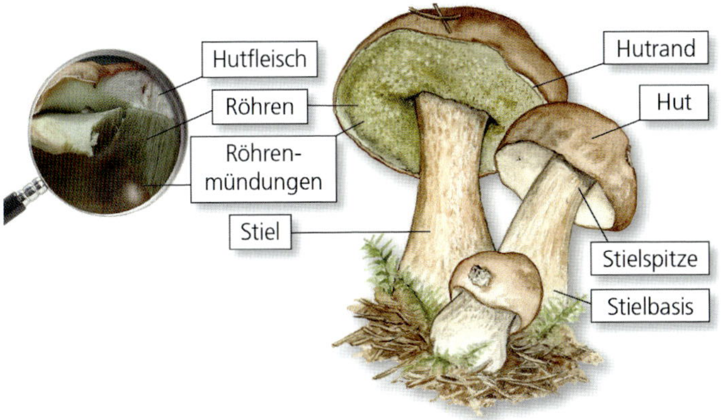

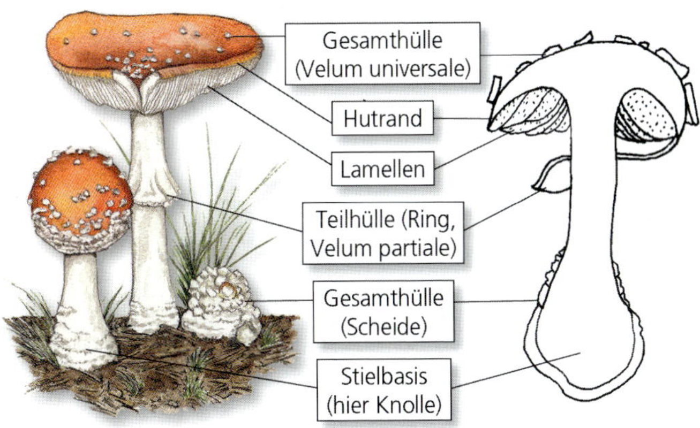

- Oberflächenbeschaffenheit des Hutes (filzig, speckig, schleimig)
- Hutrand, beispielsweise faserig oder glatt etc.
- Hutfarbe (teils sehr variabel und von Witterungsbedingungen abhängig!)
- Huthaut (abziehbar?)
- Hutfleisch, zum Beispiel dick oder dünn etc.

- Unterseite des Hutes (Fruchtschicht)
  - Lamellen, Röhren, Stacheln oder Leisten
  - Anhaftung am Stiel; zum Beispiel frei, angewachsen etc.
  - Farbe der Unterseite selbst
  - Anlauffarbe von Fleisch und Fruchtschicht, Druckstellen/Verletzungen
  - leicht oder nicht ablösbare Fruchtschicht

- Stiel
  - Länge und Dicke
  - Fleisch glatt, faserig, milchend?
  - Beschaffenheit der Stieloberfläche
  - Ring vorhanden? Verschiebbar?
  - Ausprägung der Stielbasis: Knolle oder spindelig?
- Sporenpulverfarbe (ggf. als Abwurfpräparat, «Sporenabdruck»)
- Substrate
  - Erde, Brandstellen, Holz (Nadel- oder Laubholz), Zapfen, Dung, andere

Tipp:

Eine Lupe, idealerweise mit 10- bis 20-facher Vergrößerung und mit Beleuchtung, hilft beim Erkennen vieler Details. Um etwa die Sporen zu untersuchen, wird ein Mikroskop mit 600- bis 1000-facher Vergrößerung benötigt.

Dokumentieren

Zum Fotografieren von Pilzen ist eine Makrofunktion hilfreich. Wichtig ist es, die Fruchtkörper mit sämtlichen Merkmalen zu fotografieren. Ein Blick unter den Hut (auf die Lamellen, Röhren oder Stacheln) ist unerlässlich, ebenso wie die Angabe der Begleitvegetation und des Substrats. Die Sporenpulverfarbe ist bei Blätterpilzen sehr wichtig. Anleitungen finden sich zum Beispiel auf https://www.dgfm-ev.de/jugend-und-nachwuchs/pdf-bereiche/pilzkunde. Zur Nachbestimmung können Pilze getrocknet und aufbewahrt werden (Exsikkat). Beim Sammeln von Pilzen sind die gesetzlichen Regelungen zu beachten.

Viele Mikroskope haben optional eine digitale Kamera, darüber hinaus kann mit dem Smartphone durch das Okular fotografiert werden.

Speisepilze sicher erkennen lernen

Weil der Schwerpunkt dieses Buches auf Naturbeobachtungen und nicht auf der kulinarischen Verwendung von Pilzen liegt, möchten wir an dieser Stelle lediglich eine weiterführende Empfehlung aussprechen. Wer selbst Pilze für den Verzehr sammeln möchte und mit ihnen noch nicht vertraut ist, sollte aus Sicherheitsgründen zunächst unter Anleitung einer fachkundigen Person die Merkmale erlernen. In vielen Regionen bieten PilzCoaches, Pilzsachverständige und in der Feldmykologie kundige Menschen Kurse und geführte Lehrwanderungen an. Eine Übersicht von Kontakten aus ganz Deutschland gibt es auf der Webseite der DGfM e.V. (www.dgfm-ev.de) in der jeweiligen Rubrik.

Bei der Bestimmung von Speisepilzen ist es nicht ratsam, allein auf Apps mit Fotoerkennung zu setzen. Eine Überprüfung von Bestimmungsvorschlägen, auch aus Internetforen, ist immer sinnvoll.

Schleimpilze: oft schleimig, aber nie Pilze

Obwohl sie den entsprechenden Namensbestandteil tragen, sind Schleimpilze (Mycetozoa oder Eumycetozoa) keine Pilze. Es handelt sich bei ihnen um einzellige Organismen, die in Gruppen zusammenleben und mehr oder minder schleimige, amöbenartige Gebilde formen. Wer sie an mehreren Tagen nacheinander beobachtet, kann bei manchen Arten sehen, dass sie sich kriechend fortbewegen.

Sie durchlaufen ganz unterschiedlich aussehende Stadien. Unter geeigneten Bedingungen bilden sie Fruchtkörper und Sporen. Wissenschaftliche Untersuchungen haben zum Beispiel dem auch als Blob bezeichneten Schleimpilz *Physarum polycephalum* erstaunliche Fähigkeiten bescheinigt: Auf dem Weg zu ihren Nahrungsquellen überwinden diese Lebewesen geschickt Hindernisse und merken sich Gefahren. In einem Labyrinth-Experiment fanden sie immer den kürzesten Weg zur ausgelegten Nahrungsquelle.

Etwas mehr als 1000 Arten werden derzeit zu den Schleimpilzen gezählt. Viele Arten sind weltweit verbreitet und vermutlich seit Jahrmillionen auf unserem Planeten zu Hause. Beobachten lassen sie sich zum Beispiel in Wäldern auf Totholz. Nicht alle Schleimpilze sehen (in sämtlichen Lebensstadien) unförmig aus. Einige bilden kleine Fruchtkörper, die mit dem bloßen Auge oder mit einer guten Lupe sichtbar sind.

Fruchtkörper des Schiefergrauen Fadenkügelchens (*Comatricha nigra*) in unterschiedlichen Reifegraden

Schleimpilz aus der Familie der Physaraceae auf Falllaub

4.6 Reptilien

Dominik Heinz

© Tanja Weise

Westliche Smaragdeidechse (*Lacerta bilineata*)

Eigentlich sprechen Forschende heute nicht mehr von den Wirbeltieren (Vertebrata), sondern lieber von den Schädeltieren (Craniota), da es einige Wirbeltiere ohne Wirbelsäule gibt, zum Beispiel die Seekatzen (Chimaeriformes). Hierbei handelt es sich um relativ unbekannte, urtümliche Knorpelfische. Doch was bedeutet das für die Reptilien (Reptilia)? Ganz gleich, für welche Bezeichnung man sich entscheidet, die Reptilien stehen an der Schnittstelle zwischen den niederen Wirbeltieren (Fische, Amphibien) und den höheren Wirbeltieren (Vögel, Säugetiere).

Reptilien sind jedoch keine taxonomische Einheit, die sich innerhalb ihres entwicklungsgeschichtlichen Stammbaums auf einen einzigen Vorfahren zurückführen lässt (monophyletisch). Sie werden deshalb inzwischen nur noch als informelle Einheit weitergeführt, in der Landwirbeltiere mit ähnlichem äußeren Erscheinungsbild (Morphologie) und ähnlichen Funktionen sowie Abläufen des Organismus (Physiologie) zusammengefasst werden.

Das gemeinsame Merkmal der heutigen Reptilien ist ihre trockene, schleimlose, aus Hornschuppen bestehende Körperbedeckung, deren äußere Schicht regelmäßig durch Häutung erneuert wird. Dadurch lassen sie sich eindeutig von Amphibien mit ihrer in vielen Fällen schleimigen Haut sowie von Vögeln (Aves) mit ihren Federn und von Säugetieren (Mammalia) mit ihrer Behaarung unterscheiden.

Reptilien, auch Kriechtiere genannt, sind wechselwarme Wirbeltiere. Ihre Körpertemperatur ist von der Umgebungstemperatur abhängig, Sonne und Wärme sind für Reptilien unerlässlich. In der Regel suchen sie wärmebegünstigte Bereiche auf, um ihren Körper zu erwärmen und somit ihren Stoffwechsel in einem idealen Bereich zu halten. Sie liegen hierfür beispielsweise auf Steinen oder an anderen sonnenexponierten Plätzen. Dort lassen sie sich am besten beobachten, vor allem wenn sie noch kühl und ein wenig träge sind.

Während der kalten Zeit des Jahres halten die bei uns heimischen Reptilien eine Winterruhe unter Totholzhaufen, in Felsspalten, in Hohlräumen unter Steinplatten oder in selbst gegrabenen Erdlöchern. Es werden Verstecke aufgesucht, welche der Bodenfrost nicht erreicht.

Die in Deutschland beziehungsweise Mitteleuropa vorkommenden Reptilien lassen sich in drei Gruppen einteilen: Echsen, Schlangen und Schildkröten. Charakteristisch für Schildkröten ist ihr aus zwei Teilen bestehender, harter Körperpanzer. Man bezeichnet den Rückenpanzer als Carapax, den Bauchpanzer als Plastron. Unsere einzige einheimische Schildkrötenart ist die Europäische Sumpfschildkröte (*Emys orbicularis*), die jedoch nur an wenigen Orten angetroffen werden kann. Viele der bei uns lebenden Schildkröten sind freigelassene Exoten aus Terrarien. Hierzu gehört etwa die Rotwangen-Schmuckschildkröte (*Trachemys scripta elegans*). Für die einheimischen Schildkröten ist die Freilassung dieser Tiere problematisch, weil die Exoten sie verdrängen können.

Echsen bilden die zweite Gruppe unserer heimischen Reptilien. Ihr Körper ist relativ schlank gebaut und lang gestreckt. Die zu ihnen gehörenden Eidechsen haben zwei Beinpaare; sie sind mit sechs Arten in Deutschland vertreten. Schleichen gehören ebenso zu den Echsen, sie sind aber beinlos. Bei uns ist die Blindschleiche (*Anguis fragilis*) beheimatet. Ebenfalls beinlos sind die Schlangen, die dritte einheimische Reptiliengruppe. Sie bewegen sich kriechend und schlängelnd fort. Aus dieser Gruppe sind zehn Arten bei uns anzutreffen.

Unter den Reptilien gibt es lebendgebärende und eierlegende Arten. Bei den lebendgebärenden Arten wie der Waldeidechse (*Zootoca vivipara*) und der Kreuzotter (*Vipera berus*) entwickeln sich die Eier innerhalb des Körpers des Weibchens. Im Mutterleib befreien sich die Jungtiere aus den Eihüllen, und die Mutter setzt die geschlüpften Jungtiere ab. Hierzulande vorkommende Schildkröten legen ihre Eier in Nestern ab, die sie meist im Uferbereich selbst graben. Etliche Eidechsenarten bevorzugen sonnenexponierte Bereiche, um ihre Eier, etwa wie diejenigen der Zauneidechse (*Lacerta agilis*), in sandigem Boden zu vergraben.

Bestimmen

Reptilien sind leicht an ihrer Körperform und der geschuppten Haut zu erkennen. Im ersten Schritt gilt es, die Gruppe festzustellen. Durch das Beantworten von nur vier Fragen ist eine Zuordnung zur jeweiligen Gruppe für gewöhnlich leicht möglich:

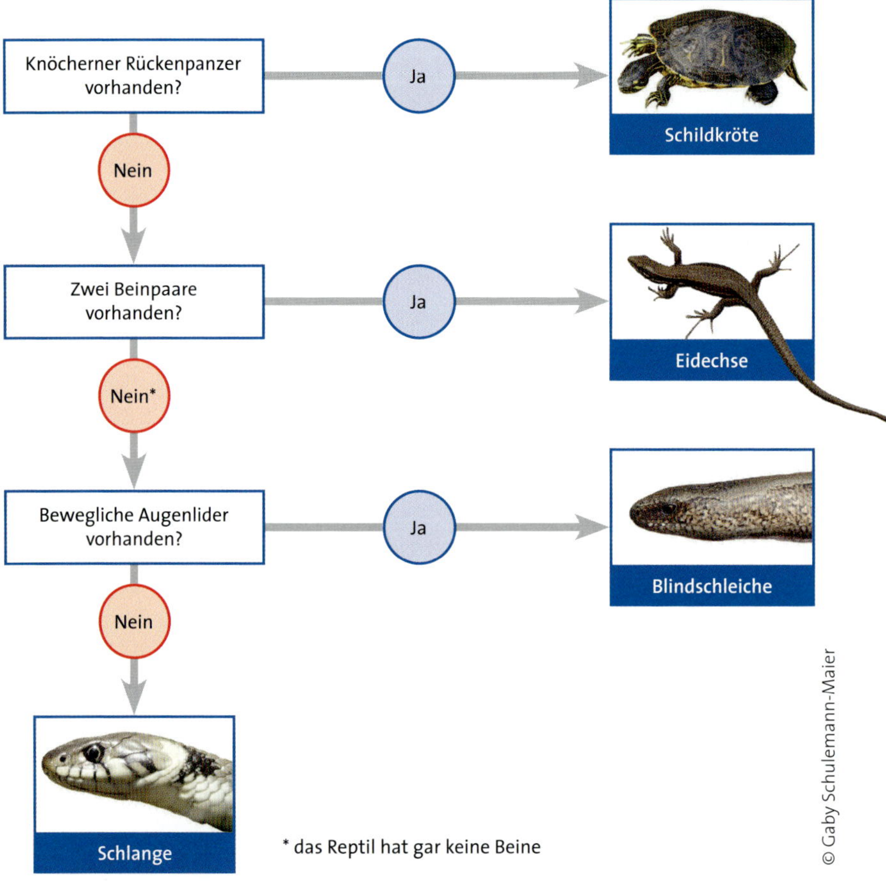

Um nun innerhalb der Gruppe die richtige Art zu finden, hilft die Betrachtung der Kopf-Rumpf-Länge, der Form und der Größe der Schuppen sowie der Körperfärbung und -zeichnung.

Jedes Individuum zeigt außerdem ein einzigartiges Schuppenmuster, anhand dessen einzelne Tiere individuell wiedererkannt werden können.

Europäische Sumpfschildkröte (*Emys orbicularis*)

Gruppenkennzeichen

Bei Gefahr können die heimischen Eidechsen ihren Schwanz an dessen Wurzel abwerfen. Dies kann für sie bei einem Angriff lebensrettend sein. Ihr Schwanz wächst nach dem Abwerfen nach, bleibt jedoch deutlich kürzer als der ursprüngliche Körperteil. Daher ist es wichtig, Eidechsen nicht am Schwanz zu greifen, damit er nicht abgeworfen wird.

Bei einigen Arten unterscheiden sich die Männchen und Weibchen in ihrer Körperfärbung und Größe. So ist etwa die Färbung weiblicher Zauneidechsen braun, Männchen weisen hingegen eine grüne Körperzeichnung auf.

Das Züngeln ist ein typisches Merkmal der Schlangen, und es dient dem Riechen: Durch das Ausstrecken der Zunge werden Duftstoffe aufgenommen und an ein Organ im Maul des Tieres, das Jacobson'sche Organ, befördert. So kann die Schlange Beutetiere finden, denn sie nimmt kleinste Mengen an Duftmolekülen in der Luft wahr.

Beobachten: Wann und wo?

Beim Aufspüren von Reptilien sind einige Dinge zu beachten. Weil sie während des Winters ruhen, kann man sie nur während der warmen Jahreszeiten überhaupt beobachten. Daneben ist das richtige Wetter für die Beobachtung sehr wichtig. Eine trockene Witterung und Sonnenschein am Vormittag sind für gewöhnlich ausgesprochen hilfreich, da die Tiere zu dieser Zeit gern zum Aufwärmen in der Sonne liegen. Besonders beliebt sind besonnte Stein- oder Holzhaufen, Laub- oder Komposthaufen und Bretter oder Platten.

Es ist wichtig, auf Bewegungen zu achten und sich bei der kleinsten Regung der Tiere möglichst vorsichtig zu bewegen, um die Reptilien nicht zu erschrecken. Viele von ihnen fliehen, bevor man sie überhaupt entdeckt. Zwar ist es meist nicht erwünscht, dass sie fliehen. Doch die Art der Fluchtbewegung kann bereits Hinweise auf die Art geben. Zauneidechsen und Waldeidechsen fliehen häufig in hohes Gras oder unter Steine. Die Tiere laufen etwa ein bis zwei Meter weit und bleiben dann sitzen. Sie prüfen, ob die Gefahr nach wie vor vorhanden ist. Wenn man den Tieren vorsichtig in der Fluchtrichtung folgt, kann man sie mit ein wenig Glück noch einmal sehen, bevor sie in einem Erdloch oder unter

Zwei Äskulapnattern (*Zamenis longissimus*) zeigen Paarungsverhalten

Steinen verschwinden. Nähert man sich ausgesprochen vorsichtig, bleiben manche Eidechsen sogar sitzen.

Anders verhält es sich bei Schlangen. Fühlen sie sich gestört, flüchten sie für gewöhnlich recht schnell und verstecken sich beispielsweise in der Vegetation, unter Laubstreu oder in Felsritzen. Schildkröten sind ähnlich empfindlich. Fühlen sie sich gestört oder bedroht, tauchen sie normalerweise sofort in dem Gewässer ab, das sie bewohnen. Aus diesem Grunde sollte man sich ihnen genauso wie den Schlangen langsam und behutsam nähern.

Reptilien besiedeln verschiedene Lebensräume, darunter Bahntrassen, Feuchtgebiete, Truppenübungsplätze oder manche Vorgärten. Ringelnattern (*Natrix natrix*) zum Beispiel leben in Gärten mit Komposthaufen und Teichen. In Letzteren jagen sie nach Fischen oder Amphibien. Komposthaufen werden zur Eiablage genutzt und bieten hervorragende Bedingungen für die Entwicklung der Eier. Alle genannten Lebensräume können demnach lohnende Gebiete für die Suche nach Reptilien sein.

Wer sich auf die Suche nach Schildkröten begeben möchte, findet diese Tiere im städtischen Raum in Teichen von Parkanlagen oder oft auch auf stadtnahen Naturschutzflächen (ausgesetzte Heimtiere). Um die Europäische Sumpfschildkröte aufzuspüren, müssen Naturinteressierte gegebenenfalls längere Strecken in Kauf nehmen, weil diese Art bei uns ausgesprochen selten geworden ist.

Tipp:

Wo in Deutschland die einzelnen Reptilienarten bereits beobachtet wurden, lässt sich auf NABU-naturgucker.de im jeweiligen Artenprofil unter «Karte» sowie unter «Beobachtungen» nachsehen.

Dokumentieren

Bei der Dokumentation ist es sinnvoll festzuhalten, ob es sich bei beobachteten Tieren um junge (kleine) oder erwachsene (größere) Individuen handelt. Dies ist wichtig, da der Erhaltungszustand von Vorkommen anhand dieser Informationen gut bewertet werden kann. Eine Beobachtung von Jungtieren weist in dem Gebiet auf eine erfolgreiche Fortpflanzung hin. Werden hingegen nur alte Tiere gesichtet, kann dies Rückschlüsse auf die Qualität der Lebensraumbedingungen ermöglichen.

Bei Eidechsen, wie zum Beispiel der Zauneidechse oder der Waldeidechse, kommt es öfter zu einem Parasitenbefall durch Zecken in den Arm- und Beinbeugen beziehungsweise in der Ohrgegend. Dies gibt Hinweise auf den Gesundheitszustand der Tiere.

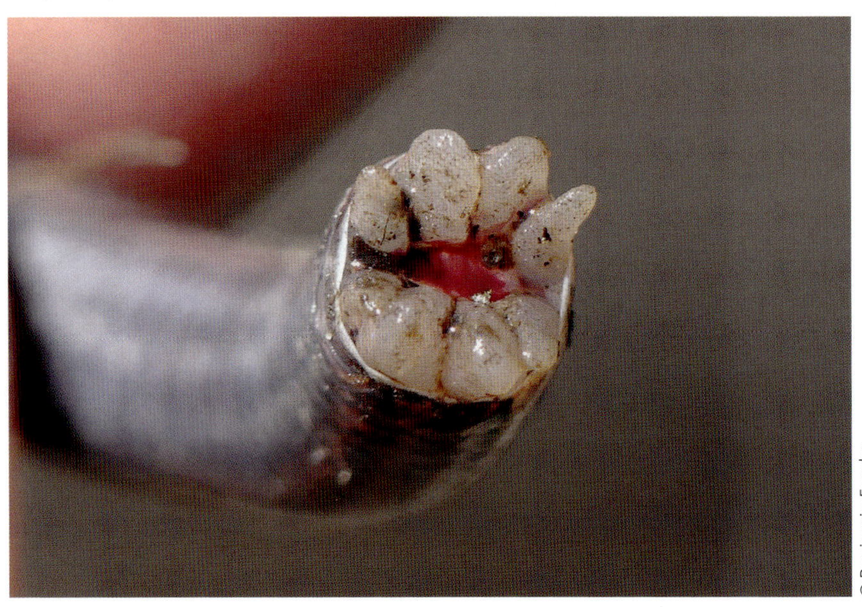
© Benjamin Franke

Blick auf die Sollbruchstelle des abgeworfenen Schwanzes einer Blindschleiche (*Angulis fragilis*)

Am besten sollten zu Dokumentationszwecken Fotos aus verschiedenen Perspektiven angefertigt werden:

- je eine Gesamtaufnahme von oben, von der Seite und – sofern ohne Anfassen möglich – von unten (Größe, Schuppenmuster und Zeichnung sind wichtige Merkmale für die Bestimmung,
- Nahaufnahmen des Kopfes, am besten von oben und von der Seite,
- bei Eidechsen Foto des Schwanzes (zeigt, ob noch der Originalschwanz vorhanden ist oder ein Regenerat).

Tipp:

Weil viele Reptilien sehr scheu sind, ist es hilfreich, sie mit einem guten Teleobjektiv zu fotografieren. Dies gilt vor allem für Schlangen, denen man sich häufig nicht besonders gut nähern kann, ohne dass sie fliehen. Ähnlich empfindlich reagieren Schildkröten. Manche Eidechsen sind hingegen toleranter, sofern man sich langsam auf sie zu bewegt. Dann kann es durchaus möglich sein, sie aus nächster Nähe im Makromodus abzulichten. Bei Reptilien zahlt sich Geduld oft aus, wenn es darum geht, gute und vor allem bestimmungsrelevante Fotos zu erlangen.

4.7 Säugetiere

Cosima Lindemann, Gaby Schulemann-Maier

Mit knapp 6400 Arten weltweit bilden die Säugetiere (Mammalia) eine sehr kleine Klasse innerhalb der Wirbeltiere (Vertebrata). Sie bewohnen alle Kontinente und sämtliche Ozeane der Erde. Trotz der geringen Artenvielfalt zeigen sie eine unglaubliche Anpassungsfähigkeit an höchst unterschiedliche Lebensräume. Als Aasfresser, Blütenbestäuber, Samenausbreiter oder Gesundheitspolizei erfüllen sie vielfältige Aufgaben in Ökosystemen. In Deutschland kommen rund 100 Säuger-Arten vor.

Verschiedene Merkmale verbinden alle Säugetiere miteinander. Ihre wohl augenscheinlichste und damit auch namensgebende Eigenschaft ist das Säugen des Nachwuchses mit Muttermilch – eine im Tierreich einzigartige Form der Jungenaufzucht. Innerhalb der Gruppe der Säugetiere gibt es in Bezug darauf jedoch erhebliche Unterschiede.

Man unterscheidet drei Unterklassen der Säugetiere: Es gibt die Ursäuger (Protheria), zu denen das Schnabeltier (*Ornithorhynchus anatinus*) und die Ameisenigel (Tachyglossidae) zählen. Sie besitzen keine Zitzen und sind nicht

Seehund (*Phoca vitulina*)

lebendgebärend, sondern legen Eier. Zu den Beutelsäugern (Metatheria) zählen Tiere wie die Kängurus (Macropodidae). Sie zeichnen sich dadurch aus, dass der Nachwuchs in einem sehr frühen Entwicklungsstadium geboren wird und danach im Beutel heranwächst. Höhere Säugetiere (Eutheria) bilden die dritte Unterklasse. Hierzu gehören neben anderen die Primaten (Primates) und damit der Mensch. Ihr Nachwuchs wächst in einer echten Gebärmutter heran.

Ein weiteres typisches Merkmal von Säugetieren ist das Fell aus Haaren, das den Großteil des Körpers bedeckt. Obgleich die Behaarung bei einigen Arten, den Walen (Cetacea) inklusive der Delfine (Delphinidae), im Laufe der Entwicklung wieder verloren gegangen ist, gilt sie als verbindende Eigenschaft der Säugetiere.

Im Gegensatz zu beispielsweise den Fischen (Pisces) und Amphibien (Amphibia) besitzen Säugetiere außerdem ein Gebiss. Es setzt sich aus unterschiedlich geformten Zähnen (Schneide-, Eck- und Backenzähnen) zusammen, was als Heterodontie bezeichnet wird. Dieser artspezifische Aufbau des Gebisses wird insbesondere bei Kleinsäugern oft zur Bestimmung herangezogen.

Die Klasse der Säugetiere wird zudem in rund 30 Ordnungen unterteilt. Zwei stechen besonders heraus, weil sie zusammen mit rund 3300 Arten über 60 % aller Säugetierspezies stellen: die Nagetiere (Rodentia) und die Fledertiere (Chiroptera).

Haselmaus (*Muscardinus avellanarius*)

© Helene Germer

Europäisches Eichhörnchen (*Sciurus vulgaris*)

Bestimmen

Viele der an Land lebenden größeren Säugetiere sind sehr bekannt und leicht auf Artniveau zu erkennen. So werden sicherlich viele Menschen einen Rotfuchs (*Vulpes vulpes*) oder ein Europäisches Eichhörnchen (*Sciurus vulgaris*) sofort bestimmen können.

Mit ein wenig Übung lassen sich die das Meer bewohnenden Hundsrobben (Phocidae) ebenfalls gut bestimmen. Dagegen machen es uns die Wale (Cetacea) wegen ihrer Lebensweise in tieferen Gewässern nicht so leicht.

Nagetiere wie zum Beispiel die Ostschermaus (*Arvicola amphibius*), die Feldmaus (*Microtus arvalis*) und die Rötelmaus (*Myodes glareolus*) stellen uns bei der Bestimmung durchaus vor einige Herausforderungen. Nicht immer sind die scheuen Tiere gut zu erkennen. Gelingt es doch, sollten Details wie die Fellfärbung auf der Ober- und Unterseite des Körpers und die Größe der Ohren beachtet werden. Ähnliches gilt für das Äußere der Insektenfresser (Eulipotyphla), zu denen etwa die Spitzmäuse (Soricidae) gehören. Um sie auf Artniveau zu bestimmen, kann es bei Spitzmäusen helfen, ihre Zähne zu betrachten. Zeigen sie rote Spitzen, handelt es sich um Rotzahnspitzmäuse der Gattung *Sorex*. Dem stehen die Arten aus der Unterfamilie der Weißzahnspitzmäuse (Crocidurinae) gegenüber, deren Zähne entsprechend keine rötlichen Spitzen aufweisen.

© Frank Beisheim

Alpenmurmeltier (*Marmota marmota*)

© Hubertus Schwarzentraub

Europäischer Maulwurf (*Talpa europaea*)

© Michael Katzer

Drei junge Waschbären (*Procyon lotor*)

Des Weiteren kann der Fundort in manchen Fällen Rückschlüsse auf die Art erlauben. An Gewässern wie Bächen oder Flüssen lebt beispielsweise die aquatische Population der Ostschermäuse; allerdings gibt es genauso eine an Land (terrestrisch) lebende Population dieser Spezies.

Vorsicht ist in Bezug auf manche Trivialnamen geboten. Einige Bezeichnungen beschreiben die Tiere oder ihre Lebensumstände nicht exakt. Stellvertretend sei die Waldmaus (*Apodemus sylvaticus*) genannt. Zwar kann man diese Tiere durchaus in Wäldern antreffen, mehrheitlich bewohnen die kleinen Säuger aber Saumbiotope in der Agrarlandschaft.

Als einzige flugfähige Säugetiere sind die Fledertiere als solche problemlos zu erkennen. In Europa, wobei hier häufig die gesamte Mittelmeerregion mit Teilen Nordafrikas einbezogen wird, sind fünf Fledermausfamilien beheimatet:

- Flughunde (Pteropodidae) – nur eine Art in Europa, in Deutschland nicht heimisch
- Bulldoggfledermäuse (Molossidae) – nur eine Art in Europa, in Deutschland lediglich als seltene Irrgäste vorkommend
- Langflügelfledermäuse (Miniopteridae) – etliche Arten in Südeuropa, eine Art kam einst in Deutschland vor, gilt inzwischen aber als ausgestorben
- Hufeisennasen (Rhinolophidae) – in Europa fünf Arten, zwei davon in Deutschland; bei uns heute leider fast ausgestorben
- Glattnasenfledermäuse (Vespertilionidae) – sie sind die artenreichste Familie in Europa und stellen den Großteil der in Deutschland lebenden Fledermausarten.

Das Bestimmen von Fledermäusen auf Artniveau ist eine besondere Herausforderung, da man die Tiere nur selten aus der Nähe sieht. In vielen Fällen nimmt man sie nur als vorbeifliegende Schatten in der Nacht wahr. Häufiger kann man aber die Hinterlassenschaften der Tiere entdecken, die ein deutlicher Hinweis auf ein Quartier oder zumindest einen Nachthangplatz sein können. Solche Funde sollte man deshalb dokumentieren. Auch wenn es einem nicht möglich ist, eine Fledermausart zu bestimmen, ist ein entdecktes Quartier ein bedeutender Hinweis auf das Vorkommen.

Wichtige Merkmale zur Fledermausbestimmung

Die beiden Hufeisennasen-Arten zeichnen sich, wie der Name schon sagt, durch hufeisenförmige Hautausstülpungen auf der Nase aus. Beide Arten sind in Deutschland extrem selten, und es ist daher unwahrscheinlich, sie anzutreffen.

Eines der wichtigsten Bestimmungsmerkmale der Glattnasenfledermäuse ist die Form der Ohren und des Tragus (Knorpelmasse an der Ohrmuschel). Es gibt Arten mit sehr kleinen Ohren und pilzförmigem Tragus sowie solche mit

Fledermausquartiere erkennen

Möchte man Quartiere suchen, sind die Wochen von Ende Mai bis Ende Juni besonders erfolgversprechend. Während dieser Zeit schließen sich die Weibchen der meisten Arten zu Kolonien zusammen, um ihre Jungtiere zu gebären und aufzuziehen.

Quartiere zeichnen sich in der Regel durch die Ansammlung von Kot unterhalb der Einflugöffnung aus. Fledermauskot ähnelt zwar optisch den kleinen Kotpellets von Mäusen. Anders als diese ist der braunschwarze bis schwarze Fledermauskot aber extrem porös und er lässt sich leicht zwischen den Fingern zerreiben. Vor allem frischer Fledermauskot glänzt aufgrund des darin enthaltenen Chitins der Insektenpanzer. Wer Fledermauskot anfasst, sollte danach gründlich die Hände waschen.

Da viele Fledermäuse in Deutschland an Gebäuden leben, kann man schon in der eigenen Nachbarschaft mit dem Suchen anfangen; die Tiere beziehen keineswegs nur alte Häuser. Besonders häufig werden an

Braunes Langohr (*Plecotus auritus*)

Gebäuden Spalten von Fledermäusen aufgesucht, zum Beispiel hinter Holz- oder Schieferverkleidungen. Seltener nutzen manche Fledermäuse ganze Dachböden. Das Graue Langohr (*Plecotus austriacus*) und das Große Mausohr (*Myotis myotis*) sind indessen auf solche Unterkünfte angewiesen. Weil die Fledermäuse dort sehr störungsanfällig sind, sollten diese Quartiere nicht betreten werden.

Hat man eine entsprechende Stelle gefunden, kann man am Abend versuchen, eine Ausflugbeobachtung zu machen und vielleicht sogar die Tiere zu zählen. Bei einigen Arten beginnt der Ausflug kurz nach Sonnenuntergang, wenn es noch leicht hell ist.

Tipp:

Molekulargenetische Analysen sind mittlerweile erschwinglich. Deshalb kann man im Bereich von Quartieren Kotproben sammeln, untersuchen lassen und so die Art(en) bestimmen. Zur Probenauswahl stimmt man sich am besten mit einer fachkundigen Person ab.

Kleiner Abendsegler (*Nyctalus leisleri*)

großen Ohren und lanzettförmigem Tragus. Körpergröße und Fellfarbe spielen ebenso eine Rolle bei der Bestimmung. Bei sehr ähnlichen Arten müssen die Zahnformen und/oder die Form des Penis hinzugezogen werden, was nur möglich ist, wenn die Tiere gefangen werden. Hierfür ist eine behördliche Genehmigung erforderlich. In Deutschland sind alle Fledermausarten streng geschützt.

Grundsätzlich ist es möglich, Fledermäuse anhand ihrer Echoortungsrufe mit einem Fledermausdetektor zu bestimmen. Entscheidender Vorteil ist, dass man mit dieser Methode sicher sein kann, die Tiere in ihrem normalen Verhalten nicht zu stören. Die Bestimmung von Fledermausarten anhand ihrer Rufe erfordert einige Erfahrung. Darüber hinaus sind hierzu Geräte notwendig, die mitunter sehr teuer sein können.

Beobachten: Wann und wo?

Wer Säugetiere beobachten möchte, kann das direkt vor der Haustür tun. Denn sogar in Städten sind zum Beispiel Fledermäuse und Eichhörnchen zu Hause. Andere Säuger kommen in der Feldflur oder im Wald vor, und wieder andere lassen sich nur am oder im Meer beobachten. Das heißt, Säugetiere sind praktisch überall um uns herum anzutreffen.

Am besten geeignet ist die warme Jahreszeit, da einige Säuger im Winter ihren Winterschlaf oder zumindest ihre Winterruhe halten und nur selten aktiv sind. Vor allem die Monate Mai bis Ende September sind die Fledermaus-Hauptsaison. Manche Mäuse lassen sich dagegen schon im Spätwinter beobachten, wenn die wenigen Pflanzen die Sicht noch nicht versperren. Spektakulär ist im Herbst die Brunft der Rothirsche (*Cervus elaphus*). Je nach Art können die Nachtstunden die beste Zeit fürs Beobachten sein, etwa um Bilche wie den Gartenschläfer (*Eliomys quercinus*) in Aktion zu erleben.

Dokumentieren

Abhängig davon, um welche Säugetierart es sich handelt, sind jeweils unterschiedliche Details für die Dokumentation wichtig. Neben dem Aufschreiben der Sichtungen sollten am besten mehrere Fotobelege aus unterschiedlichen Perspektiven angefertigt werden:

- Gesamtaufnahme (Habitus) seitlich und von oben,
- je eine Aufnahme des Kopfes seitlich und frontal, bei Fledermäusen Detailfoto der Ohren, bei Nagetieren der Zähne,
- ggf. Spuren auf dem Untergrund (Trittsiegel bzw. Fährten).

© Jens Grabow

Reh (*Capreolus capreolus*)

© Yvonne Christ

Europäischer Biber (*Castor fiber*)

4.8 Spinnentiere

Stefan Munzinger, Gaby Schulemann-Maier

Junge Gartenkreuzspinnen (*Araneus diadematus*)

Auf den ersten Blick kann man etliche Spinnentiere durchaus mal den Insekten zurechnen. Sie stellen aber eine eigene Klasse des Tierreichs dar, sind also eine Parallelentwicklung zu den Insekten. Deshalb rücken wir hier erst einmal die Gemeinsamkeiten in den Mittelpunkt, um in einem zweiten Schritt auf die trennenden Merkmale einzugehen.

Grundsätzliche Gemeinsamkeiten gibt es deshalb, weil die Klasse der Spinnentiere (Arachnida) genauso wie die der Insekten (Insecta) zum Tierstamm der Gliederfüßer (Arthropoda) gehört. Weitere Vertreter dieses Stammes sind die Krebstiere (Crustacea) und die Tausendfüßer (Myriapoda).

Typisch für Gliederfüßer ist:

- Sie besitzen ein Außenskelett, das von den äußeren Hautzellen ausgeschieden wird. Da es nicht mitwachsen kann, häuten sich die Tiere. Baustoff ist neben verschiedenen Eiweißen (Proteinen) immer Chitin, in das bei einigen Gliederfüßern zusätzlich Kalk eingelagert wird.
- Bei allen Gliederfüßern ist der Körper in mehrere Segmente gegliedert. Im Grundbauplan weisen diese Segmente eine gleiche Ausstattung an Organen und Gliedmaßen auf. Während ihrer Entwicklungsgeschichte kam es innerhalb verschiedener Gliederfüßergruppen zu Verschmelzungen von

Segmenten. Für sämtliche heutigen Gliederfüßer gilt zum Beispiel, dass einige ihrer vorderen Segmente zu einem solchen Körperabschnitt (Tagma) verschmolzen sind; er wird als Kopf (Cephalon) bezeichnet.

80 % aller heute auf der Erde lebenden Tiere sind Arthropoden. Nach den Insekten mit gegenwärtig rund einer Million beschriebener Arten liegen die Spinnentiere mit rund 100000 Arten auf dem zweiten Platz. Zur Klasse der Spinnentiere gehören folgende Ordnungen, die nicht alle in Deutschland vertreten sind:

- Milben (Acari)
- Geißelspinnen (Amblypygi)
- Webspinnen (Araneae)
- Weberknechte (Opiliones)
- Palpenläufer oder Tasterläufer (Palpigradi)
- Pseudoskorpione (Pseudoscorpiones)
- Kapuzenspinnen (Ricinulei)
- Skorpione (Scorpiones)
- Walzenspinnen (Solifugae)
- Geißelskorpione (Uropygi)

Bestimmen

Zunächst einmal gilt es, Spinnentiere überhaupt als solche zu erkennen. Kommen wir nun also zu den Merkmalen, anhand derer sie sich von Insekten unterscheiden lassen.

Spinnentiere

- zweigegliederter Körper (die Teile können verschmolzen sein)
- 8 Beine
- niemals Flügel
- meist 8 Einzelaugen (manchmal mehr, mitunter weniger)

Insekten

- dreigegliederter Körper
- 6 Beine
- 2 Paar Flügel (können verwachsen oder stark zurückgebildet sein)
- Komplexaugen (ggf. ergänzt durch 3 Punktaugen)

Die in Deutschland beheimateten Spinnentiere verteilen sich auf die nachfolgend beschriebenen Gruppen.

Ordnung Webspinnen (Araneae): Diese Spinnentiere bilden eine Ordnung und zeigen eine deutlich erkennbare Zweiteilung in Vorderkörper und Hinterleib; Letzterer ist ungegliedert. Spinn- und Giftdrüsen sind vorhanden. Webspinnen sind die klassischen Spinnen. Weltweit sind derzeit circa 47000 Arten bekannt, in Deutschland kommen rund 1000 vor.

Ordnung Weberknechte (Opiliones): Von den Webspinnen unterscheiden sich die Weberknechte, die eine eigene Ordnung bilden, durch die auffällige Verschmelzung des Vorderkörpers mit dem Hinterleib, der gegliedert ist. Spinn- oder Giftdrüsen haben diese Tiere nicht. Auffällig sind die oftmals sehr langen und dünnen Beine. Etwa 6600 Arten gibt es auf der Welt, in Deutschland kommen zurzeit 52 Arten vor.

Ordnung Pseudoskorpione (Pseudoscorpiones): Auf den ersten Blick ähneln Pseudoskorpione den Skorpionen, vor allem weil auch sie auffällige Scheren tragen. Allerdings haben Pseudoskorpione keinen abgesetzten Schwanz. Zudem sind sie deutlich kleiner, maximal 7 mm groß. Etwa 100 Arten kommen in Mitteleuropa vor, die vor allem im Boden und in der Streuschicht leben.

Moosskorpione (*Neobisium carcinoides*) sind Spinnentiere und maximal 4 mm groß.

© Rolf Jantz

Braunrückenkanker (*Leiobunum rotundum*) gehören zu den Weberknechten.

Unterklasse Milben (Acari): Milben sind zumeist sehr klein. Die kleinste Art misst lediglich 0,1 mm, die größten Vertreter, die Zecken (Ixodida), erreichen vollgesaugt eine Länge von bis zu 30 mm. Wie alle Spinnentiere haben erwachsene (adulte) Milben acht Beine, im Larvenstadium oft allerdings nur drei Beinpaare. Bei vielen Milben sind die Augen miteinander verschmolzen, etliche Arten sind blind. Manche Milben treten als Schädlinge in der Landwirtschaft und als Überträger von Krankheiten auf. Momentan sind weltweit etwa 50000 Arten bekannt, Schätzungen zufolge könnte es darüber hinaus eine Million bisher nicht beschriebene Arten geben.

© Thomas Schwarzbach

Rote Samtmilben (*Trombidium holosericeum*) sind bis zu 4 mm lang.

Merkmale häufiger Webspinnenfamilien

© Gaby Schulemann-Maier

Große Zitterspinne (*Pholcus phalangioides*)

◇ Zitterspinnen (Pholcidae):

Webfähige Spinnen mit langen, dünnen Beinen, weshalb man sie manchmal mit einem Vertreter der Weberknechte verwechseln kann. Von diesen unterscheiden sie sich durch ihren typischen zweigeteilten Körper. Sie bauen dreidimensionale, unregelmäßige Raumnetze. Bei Gefahr fangen einige Arten an, im Netz rhythmisch stark zu zittern (namensgebend), um so den potenziellen Angreifer zu verwirren. In Kellern und kühleren Wohnräumen ist häufig die Große Zitterspinne (*Pholcus phalangioides*) zu beobachten. Aus der Familie der Zitterspinnen wurden im deutschsprachigen Raum bisher fünf Arten aus vier Gattungen nachgewiesen.

© Ulrich Retzlaff

Veränderliche Krabbenspinne (*Misumena vatia*)

◇ Krabbenspinnen (Thomisidae):

Krabbenspinnen sind tagaktive Lauerjäger, Fangnetze bauen sie nicht. Sie besitzen ein charakteristisches Aussehen und sind deshalb leicht bestimmbar: Die beiden vorderen Beinpaare sind deutlich länger und kräftiger als die beiden hinteren. Ihr deutscher Name rührt daher, dass diese Spinnen wegen ihrer seitlichen Beinhaltung ähnlich wie die Krabben (Brachyura) nur seitlich oder rückwärts laufen können. Der Hinterleib ist oft farbig und besitzt fünf deutliche Rückenlöcher. In Deutschland wurden bisher rund 40 Arten aus dieser Familie nachgewiesen.

◇ Springspinnen (Salticidae):

Springspinnen sind ebenfalls tagaktive Lauerjäger. Gerät passende Beute in ihr Sichtfeld, wird sie angesprungen. Aus diesem Verhalten leitet sich ihr deutscher Name ab.

Springspinnen sind kleine bis mittelgroße Tiere mit gedrungenem Körperbau. Die vorderen beiden Augen in der Mitte des Kopfes sind besonders groß und sehr beweglich. Sie sind sehr markant und charakteristisch. Weltweit sind rund 6000 Springspinnen-Arten bekannt, circa 70 Arten davon findet man auch in Deutschland.

© Gerwin Bärecke

Rindenstreckspringer (*Marpissa muscosa*)

◇ Wolfspinnen (Lycosidae):

Wolfspinnen lauern zumeist ihrer Beute auf, wenige Arten bauen Fangnetze. Bei diesen Tieren sind die acht Augen in drei horizontalen Reihen angeordnet. Ihre beiden Sehorgane in der zweiten Reihe sind deutlich vergrößert, aber kleiner als bei den Springspinnen. Wolfspinnen sind eher gedrungen gebaut, haben kräftige, lange Beine und sind zumeist dunkelbraun gefärbt. Weibliche Wolfspinnen betreiben Brutpflege und tragen den Eikokon am Hinterleib angeheftet mit sich herum. Die größten Vertreter in Europa sind die Taranteln (*Alopecosa* spec.) mit einer Körperlänge von 1–3 cm. Aus Deutschland sind 76 Arten bekannt.

© Gerwin Bärecke

Uferlaufwolf (*Pardosa amentata*)

◇ Raubspinnen (Pisauridae):

Raub- oder Jagdspinnen sehen aus wie elegante Wolfspinnen. Ihr Körper ist aber deutlich ausgeprägter lang gestreckt, die Beine sind ein wenig dünner. Weibliche Raubspinnen tragen ebenso ihre Kokons mit den darin enthaltenen Eiern mit sich umher. Allerdings ist dieser anders als bei den Wolfspinnen nicht am Hinterleib angeheftet, sondern wird mit den Kieferklauen gepackt, sodass der Kokon scheinbar unter dem Bauch getragen wird. In Deutschland sind nur drei Arten anzutreffen.

© Armin Teichmann

Listspinne (*Pisaura mirabilis*)

© Bernhard Konzen

Weibliche Wespenspinne (*Argiope bruennichi*)

◇ **Radnetzspinnen (Araneidae):**
Diese Spinnen verfügen über dreiborstige Klauen an den Laufbeinspitzen, die es ihnen erlauben, entlang ihrer Netze zu laufen. Viele Arten bauen auffällige radähnliche Netze zum Fangen ihrer Beute. Besonders augenfällig sind beispielsweise die sogenannten Stabilimente, die Spinnen der Gattung *Argiope*, darunter die Wespenspinne (*Argiope bruennichi*), als weiße Muster in ihre Netze einweben. Kreuzspinnen der Gattung *Araneus* sind eher träge Spinnen mit einem rundlichen Hinterleib. Die kräftigen Beine sind meist gestreift und tragen mit dem bloßen Auge gut erkennbare Stachel. Oftmals ist die Variation hinsichtlich der Färbung innerhalb einer Art sehr groß, sodass für eine endgültige Bestimmung mit dem Mikroskop gearbeitet werden müsste. Rund 50 Arten aus dieser Spinnenfamilie sind aus Deutschland bekannt.

Beobachten: Wann und wo?

Wer Spinnentiere beobachten möchte, hat während der wärmeren Monate des Jahres (März bis Oktober) die besten Aussichten auf Erfolg. Spinnentiere leben eigentlich überall, und bereits im Garten lohnt sich ein genaues Hinschauen. Wichtig ist es zu wissen, wo sich die einzelnen Vertreter dieser artenreichen Klasse aufhalten und wann sie aktiv sind. So sind zum Beispiel die meisten Spinnen nachtaktiv und deshalb tagsüber nur in ihren Tagesverstecken beispielsweise am Rande ihrer Netze oder unter Steinen und Holzstücken anzutreffen.

Bevorzugte Spinnenlebensräume sind Wiesen, Gebüschränder und die Streuschicht im Wald. Verschiedene Milbenarten teilen diese Lebensraumvorlieben. Weberknechte lassen sich sowohl in der Vegetation als auch auf Felsen oder Mauern im Siedlungsraum antreffen. Pseudoskorpione leben am Boden in der Streuschicht. Besonders gern halten sie sich in Moospolstern auf.

Gefragt sind Geduld und geschulte Augen, insbesondere wenn es darum geht, die sehr kleinen Arten aufzuspüren. Und wer in einem Haus mit Garten lebt, wird in jedem Herbst einige Spinnen sogar im Haus antreffen, die sich dorthin vor niedrigeren Temperaturen zurückziehen. Natürlich lohnt sich außerdem oft der Gang in einen Keller, der für eine Reihe von Spinnenarten ein idealer Lebensraum ist.

Dokumentieren

Viele Spinnentierarten lassen sich zumindest von erfahrenen Fachleuten anhand von makroskopischen Merkmalen bestimmen. Entsprechend hilfreich ist eine ausführliche fotografische Dokumentation.

Folgende Motive sollte man fotografieren, wenn Spinnentiere zur Bestimmung oder Dokumentation abgelichtet werden:

- Gesamtbild des Tieres von oben,
- Gesamtbild des Tieres von der Seite (bei sehr kleinen Spinnentieren oft kaum oder gar nicht möglich),
- Gesamtbild des Tieres von unten (bei Radnetzspinnen im Netz oft gut möglich, bei anderen Spinnentieren häufig schwierig),
- Detailbild Gesicht (bei Spinnen und Weberknechten),
- Detailbild Beine (bei Spinnen und Weberknechten),
- Detailbild Hinterleib von der Seite (bei Spinnen und Weberknechten),
- Gesamtbild des Netzes, gegebenenfalls aus unterschiedlichen Perspektiven (bei netzbauenden Spinnenarten).

Tipp:

Spinnennetze sind im Spätsommer und Herbst attraktive Fotomotive, wenn morgens winzige Tautropfen an den Fäden hängen und sie so deutlich hervortreten lassen.

4.9 Vögel

Thomas Griesohn-Pflieger

Weltweit sind Vögel bekannt und wecken seit Jahrhunderten bei vielen Menschen Begeisterung. Sicher spielt dabei eine Rolle, dass Vögel eigentlich überall und jederzeit zu beobachten sind. Dazu kommt, dass dies sehr leicht möglich ist. Ein Blick aus dem Fenster und Sie sehen einen Vogel, ohne länger als fünf Minuten zu warten.

Rund 11000 Vogelarten gibt es nach derzeitigem Wissensstand auf unserem Planeten. Davon brüten etwa 280 in Deutschland, und über 500 Arten wurden bislang insgesamt festgestellt. Ihre Vielfalt in Bezug auf das Aussehen, die Gesänge und Verhaltensweisen ist enorm groß und bietet entsprechend viel Spannendes zum Entdecken.

Beobachten: Wann und wo?

Vogelbeobachtung ist sehr einfach, denn sie ist ganzjährig und praktisch allerorts möglich. Wenn Sie es ausprobieren wollen, blicken Sie nach draußen, gehen Sie eine Runde durch die Siedlung spazieren oder fahren Sie raus aus der Stadt und laufen durch Wälder und Felder. Richtig interessant wird es aber erst, wenn Sie darauf achten, welche Vögel in welchen Gebieten und wann häufiger oder seltener sind.

Das Reizvolle an der Vogelbeobachtung ist, dass sie sogar völlig ohne Ausrüstung betrieben werden kann. Vor allen Dingen dort, wo die Vögel relativ scheu sind, macht es aber viel mehr Spaß, dabei ein Fernglas zu benutzen. Früher oder später schaffen sich fast alle, die tiefer in die Vogelbeobachtung einsteigen, ein Spektiv an, um sehr weit entfernte Vögel gut vergrößert anzuschauen und zu bestimmen.

Außerdem ist es hilfreich, mindestens ein Vogelbestimmungsbuch zu besitzen. Dabei sind Bücher mit gezeichneten oder gemalten Abbildungen denen, die Fotos enthalten, unbedingt vorzuziehen. Der Grund: Ein Foto zeigt einen bestimmten Vogel in einer ganz bestimmten Lebenssituation an einem ganz bestimmten Ort mit einer bestimmten Belichtung in einer bestimmten Stimmung. Aber ein Vogel, den Sie sehen, kann sich in einer ganz anderen Situation und in einem anderen Licht präsentieren. Beim Zeichnen oder Malen wird dagegen von einem konkreten Individuum abstrahiert, und es entsteht ein allgemeingültiges Bild einer Vogelart.

Die einfachste Art, Vögel zu beobachten, ist das «konzentrierte Spazierengehen». Dabei sind Sie ohne Ablenkungen ganz im Hier und Jetzt – das ist

© Helene Germer

Mittelspecht (*Leiopicus medius*)

das unendlich Erholsame an der Vogelbeobachtung. Nutzen Sie alle Sinne, sperren also Ohren und Augen auf, suchen Sie den Horizont, den Himmel mit den Augen ab und betrachten besonders Baumkronen, Zaunpfähle, dürre Äste, Strommasten, Hausgiebel – also alles, was einem Vogel eine exponierte Sitzwarte bieten könnte.

Eine weitere Methode ist das Sitzen und Warten, das wir einigen Vögeln, zum Beispiel den großen Greifen wie den Steinadlern (*Aquila chrysaetos*) oder den kleinen Fliegenschnäppern wie den Schwarzkehlchen (*Saxicola rubicola*), abschauen können: Sie setzen sich an eine Stelle mit guter Übersicht und warten einfach ab. Besonders in Zeiten des Vogelzuges ist das eine bevorzugte Beobachtungstechnik, die allerdings im Wald wenig sinnvoll ist. Sie erfordert Stellen, an denen viel Himmel zu überblicken ist und eine gute Übersicht besteht.

Bestimmung

Die Bestimmung von Vögeln wirkt oberflächlich betrachtet unkompliziert: Merken aller Kennzeichen, Nachschauen im Bestimmungsbuch und dort die entsprechende Art finden. Leider ist es in der Praxis nicht so. Denn von den vielen Kennzeichen, die bei verschiedenen Vögeln unterschiedlich wichtig sind, bleiben bis zum Griff zum Buch garantiert die falschen im Kopf. Was raten die Fachleute?

© Karl-Heinz Römer

Alpendohle (*Pyrrhocorax graculus*)

Das A und O der Vogelbestimmung ist ein guter Überblick über die in der entsprechenden geografischen Region vorkommenden Vogelarten und -familien. Bei etwa 300 Vogelarten, die sich im Laufe eines Jahres in Deutschland beobachten lassen können, ist es Neulingen kaum möglich, die Kennzeichen leicht zu verwechselnder Arten im Kopf zu haben. Daher ist eine Einordnung des unbekannten Vogels in eine Familie oder zumindest Ordnung ein hilfreicher erster Schritt.

Lernen Sie dafür zunächst den Aufbau Ihres Vogelbestimmungsbuches kennen. Darin werden die Vögel nach ihrer Verwandtschaft geordnet gezeigt. So ist grundsätzlich die Ordnung der Singvögel von den Ordnungen der Nicht-Singvögel getrennt. Innerhalb dieser Ordnungen werden Familien vorgestellt. Diese Familien, zum Beispiel Finken (Fringillidae) und Drosseln (Turdidae), sollten vertraut sein. Besteht ein Überblick über die Ordnungen und Familien der Vögel, die in einem Beobachtungsgebiet zu erwarten sind, lässt sich beim Anblick eines unbekannten Vogels vielleicht schon durch das generelle Aussehen auf die Familie schließen.

Fast alle Vögel haben die faszinierende und gleichzeitig verwirrende Eigenheit, je nach Jahreszeit in unterschiedlichen Kleidern vorzukommen. Es gibt

Vogelarten, die zur gleichen Zeit in drei (oder mehr!) manchmal sehr verschiedenen Kleidern auftreten können. Männchen, Weibchen und Jungvogel unterscheiden sich oft in ihrem Aussehen.

Dazu kommt die jahreszeitlich unterschiedliche Zusammensetzung der Vogelwelt in einem begrenzten Gebiet. Im Winter werden uns Vögel begegnen, die wir im Sommer nicht sehen – und umgekehrt. Ab und zu kommen Seltenheiten, Raritäten, Flüchtlinge und vom Weg abgekommene Irrgäste zu uns, deren Bestimmung für die «Top-Birder» das Salz in der Suppe ist.

Sehr nützlich kann es sein, sich draußen im Felde ausführliche Notizen oder besser noch Skizzen zu machen. Solche Skizzen müssen nicht schön aussehen, zwingen aber beim Zeichnen dazu, die Vögel genau anzuschauen und nach Merkmalen zu mustern.

Zunächst sollte man die unbefiederten Körperteile betrachten, das geht häufig am schnellsten:

- Welche Beinfarbe hat der Vogel?
- Welche Augenfarbe?
- Ist ein Augenring zu sehen?
- Wie sieht der Schnabel aus? – Farbe, Länge im Vergleich zum Kopf, gerade, gebogen ...

Dann kommt das Federkleid:

- Gibt es auffällige Merkmale am Kopf?
- Scheitel mit oder ohne Streifen? Augenstreif?
- Oder gibt es einen Überaugenstreif?
- Wangenzeichnung/Ohrdecken?
- Gibt es einen Zügelstreif zwischen Schnabel und Auge?
- Gibt es Auffälligkeiten im Flügel wie zum Beispiel Flügelstreif oder Flügelbinde?
- Wie lang sind die Schirmfedern im Vergleich zu den Handschwingen?
- Wie lang ist der Flügel? Überragt er den Schwanz?

Die Oberseite des Vogels kann wichtige Merkmale liefern:

- Gibt es ein Muster auf der Schulter?
- Einen Kontrast im Nackengefieder?
- Haben die Schirmfedern Ränder?
- Sind sie gezackt, gebändert, marmoriert?

Ähnliche Fragen kann man zu fliegenden Vögeln stellen. Besonders bei Greifvögeln, die oft längere Zeit über uns kreisen, lassen sich schnell und gezielt Fragen beantworten:

- Hat der Schwanz eine dunkle Endbinde?
- Ist der Schwanz gegabelt, eingebucht, kurz oder lang im Vergleich zur Flügelbreite?
- Sind die Flügel gebändert?
- Ist ein Flügelbug markiert?
- Sind die Flügel lang und schmal? Breit und kurz? Oder breit und lang?
- Ist der Schnabel groß oder klein?

Viele Vögel bieten uns akustisch einige Bestimmungsmerkmale. In diesem Zusammenhang stellt sich die Frage nach dem Lernen der Vogelstimmen. Vorweg sei erwähnt, dass das bloße Anhören von Vogelstimmen am Computer oder Smartphone die Praxis draußen nicht ersetzen kann. Am besten gehen Sie mit einer erfahrenen Person durch die Natur und lassen sich die Vogelstimmen erklären. Wer diese Möglichkeit nicht hat, sollte versuchen, Hören und Sehen zu kombinieren und somit den singenden Vogel zu sehen. Förderlich kann es zudem sein, den Ruf oder eine kurze Strophe lautmalerisch aufzuschreiben, etwa «Düdüdü – düüüü».

Ein gutes Hilfsmittel ist es, sich eine Vogelstimmen-Videosammlung zuzulegen. In den Filmen sollten die singenden Vögel gut zu sehen und zu hören

Sumpfohreule (*Asio flammeus*)

© Sören Rust

© Jürgen Podgorski

Kormoran (*Phalacrocorax carbo*) im Prachtkleid (links) und im Schlichtkleid (rechts)

sein. Eine solche Sammlung ist zum Beispiel von Hans-Heiner Bergmann und Wiltraud Engländer bei Kosmos erschienen: Die Kosmos Vogelstimmen DVD.

Etliche Interessierte lernen sehr viel, wenn sie an einigen geführten Exkursionen oder an einer mehrtägigen Vogelbeobachtungsreise teilnehmen. Manche NABU-Ortsgruppen oder Stadtverbände bieten solche vogelkundlichen Spaziergänge an. Dabei werden Tipps und Informationen, durchaus auch zwischen den Teilnehmenden, ausgetauscht.

Dokumentieren

Am meisten Spaß macht das Beobachten von Vögeln, wenn Sie nicht nur einige Arten gesehen haben, sondern darüber hinaus sagen können, wie viele adulte (ausgefärbte), männliche oder weibliche beziehungsweise juvenile (nicht ausgefärbte) Vögel gesehen wurden. Durch diese möglichst differenzierte Aufzählung werden Dokumentationen von Vogelbeobachtungen erheblich wertvoller. Das heißt, die Aussage «23 Löffelenten (*Spatula clypeata*)» ist natürlich längst nicht so aussagekräftig wie: «14 männliche, neun weibliche Löffelenten, überfliegend».

Wie bei allen anderen Naturbeobachtungen ist die Angabe einer geschätzten Anzahl immer besser als keine Information zur Menge. Angaben zu den

Beobachtungsbedingungen können ebenfalls sehr wertvoll sein. Denn es ist ein großer Unterschied, ob ich einen Vogel in der Morgendämmerung oder mittags gesehen habe, ob er vorbeigeflogen ist oder seinen Gesang vorgetragen hat, ob ich ihn am oder im Wasser gesehen habe oder ob er in Gesellschaft anderer Vogelarten war.

Bei der Eingabe von Beobachtungsdaten bietet NABU-naturgucker.de ferner die Möglichkeit der Punktverortung auf einer Karte. Natürlich ist hier Zurückhaltung bei seltenen oder störungsanfälligen Vogelarten angebracht – vor allen Dingen, wenn es um einen Brutplatz geht. Es empfiehlt sich, hierbei eine sogenannte geschützte Beobachtung mit «unscharfen» Koordinaten anzulegen.

Hilfreich sind Fotos oder kleine Videos, die das Vorkommen dokumentieren, oder auch Tonaufnahmen zum Beispiel mit einem Smartphone. Möchte man anhand der Fotos eine Bestimmung durchführen, sollten möglichst viele Details erkennbar sein. Wichtige Aspekte sind:

- Vogel von der Seite,
- Detailaufnahmen des Kopfes und der Beine,
- fliegende Vögel am besten direkt von unten.

Rotkehlchen (*Erithacus rubecula*) im Jugendkleid noch ohne rote Kehle

4.10 Weichtiere: Schnecken und Muscheln

Olaf Strub

© Hanns-Jürgen Roland

Hain-Schnirkelschnecken (*Cepaea nemoralis*) sind farblich sehr variabel und es gibt sogar Individuen ohne Bänderzeichnung.

© Hans Schwarting

In Deutschland gehört die Große Teichmuschel (*Anodonta cygnea*) zu den stattlichsten Süßwassermuscheln.

Schnecken (Gastropoda) und Muscheln (Bivalvia) bilden jeweils eine Klasse innerhalb der Gruppe der Schalenweichtiere (Conchifera). Diese gehören zum Stamm der Weichtiere oder Mollusken (Mollusca). Nach den Gliederfüßern (Arthropoda) ist er mit weltweit etwa 135000 derzeit lebenden (rezenten) Arten der zweitgrößte des Tierreichs.

Dass es in der systematischen Zoologie nicht immer ganz logisch zugeht – zumindest bei der Verwendung der deutschen Namen –, zeigen uns zum Beispiel die Käferschnecken (Polyplacophora). Sie zählen mitnichten zu den Schnecken, also den Gastropoda, sondern stellen eine eigene Klasse dar. Diese findet sich aber immerhin auch im Stamm der Weichtiere.

Wie der Name Schalenweichtiere vermuten lässt, haben die Vertreter der beiden Klassen Gastropoda und Bivalvia eines gemeinsam: ihre Schale. Vereinfacht gesagt setzt sie sich aus mehreren Schichten zusammen und besteht aus Kalziumkarbonat sowie Eiweißen (Proteinen). Sie kann – wie bei den Muscheln – aus zwei Klappen bestehen (Bivalvia = Zweitürige) oder ins Körperinnere verlagert und/oder reduziert sein. Der geläufige Name Nacktschnecken, der so im Übrigen keine einheitliche Gruppe im Sinne der Systematik beschreibt, verdeutlicht genau dies: von außen ist bei diesen Tieren keine Schale sichtbar.

Wie bei anderen Artengruppen auch, ist es bei Schnecken und Muscheln zweckmäßig, die wissenschaftlichen Namen (zumindest mit) zu verwenden. Zwar gibt es für viele Arten durchaus eindeutige deutsche Namen. Aber gerade bei Verwendung älterer Bestimmungsliteratur kann es zu Verwechslungen kommen. So wurde *Cepaea nemoralis* zunächst Hain-Schnirkelschnecke genannt, dann Hain-Bänderschnecke, inzwischen Schwarzmündige Bänderschnecke oder wieder Hain-Schnirkelschnecke. Sie ist vielerorts zu finden und charakteristisch für Gärten. Im Unterschied dazu ist *Cepaea hortensis*, die Garten-Schnirkelschnecke, zwar durchaus in Gärten anzutreffen, aber eher typisch für naturnahe und ruderale Standorte.

Schnecken bestimmen

Eine Artbestimmung ist in zahlreichen Fällen anhand des Gehäuses möglich. Bei vielen Nacktschnecken, aber genauso bei etlichen Arten mit einer von außen sichtbaren Schale, sind hingegen anatomische Merkmale für eine Artbestimmung relevant. Um sie betrachten zu können, müsste man die Tiere töten und aufwendig präparieren. Das überlassen wir gern den hoch spezialisierten Schnecken-Profis.

Die Windungsrichtung des Schneckengehäuses ist artspezifisch und damit ein wichtiges Merkmal. Für die Bestimmung der Windungsrichtung betrachtet man das Schneckengehäuse in der sogenannten Mündungsansicht, also so, dass die Mündung nach unten und vorn zeigt. Befindet sich die Mündung rechts von der Längsachse des Gehäuses, bezeichnet man sie als rechtsgewunden. Liegt sie indessen links von der Längsachse, spricht man von linksgewunden.

Wichtige Bestimmungsmerkmale sind neben der Größe und Windungsrichtung des Gehäuses seine Form (turmförmig, flach etc.), die Färbung und das Muster. Strukturen wie eine irgendwie geartete Riffelung, und die An- oder Abwesenheit von Haaren sind weitere entscheidende Hinweise. Ferner unterscheiden sich Schnecken hinsichtlich ihrer Körpermaße: Es gibt Schnecken, die kleiner als 2 mm sind. Große Exemplare der Weinbergschnecke (*Helix pomatia*) haben einen Gehäusedurchmesser von 5 cm und mehr. Die Größe ist somit ein wichtiges Bestimmungskriterium, allerdings ist die Mündung bei vielen Schneckenarten von noch viel größerer Bedeutung.

© Birgit Emig

Die Basalansicht einer Weißen Heideschnecke (*Xerolenta obvia*) zeigt den arttypischen tiefen Nabel.

© Dieter Gschwend

Die Härchen der Zottigen Haarschnecke (*Trochulus villosus*) sind fadenförmige Auswüchse der aus Eiweißen bestehenden Schutzschicht des Gehäuses.

Schnecken beobachten: Wann und wo?

Schneckenkundler bewegen sich überwiegend kriechend-robbend-krabbelnd fort, durchsieben und -suchen dabei die Vegetation, die Laubschicht des Bodens und dessen lockere obere Schichten. Bei dieser Tätigkeit leisten Knieschützer, wie man sie von Fliesenlegern kennt, hervorragende Dienste. Für einen Einstieg in die Thematik ist es aber ausreichend, zunächst einmal mit offenen Augen durch die Natur zu streifen. So entdeckt man zwar natürlich nur die größeren Arten, sie sind jedoch bei der Bestimmung durchaus dankbarer.

Am besten lassen sich die meisten Schneckenarten in Mitteleuropa im warmen Sommerhalbjahr beobachten. Während des Winters halten sich die Tiere an geschützten Stellen, wie beispielsweise unter Laubstreu, in Felsspalten oder unter losen Teilen von Baumrinde, verborgen. Überdies ist es im Laufe trocken-heißer Perioden im Sommerhalbjahr schwierig, die Tiere zu finden. Bis auf einige Gehäuseschnecken, die sich zum Hitzeschutz vom heißen Boden weg an Bäume, Büsche oder Hauswände und somit an etwas kühlere Stellen retten, sind kaum Schnecken zu sehen.

Vor allem nach Regenschauern sind die Tiere aktiv, weil sie dann nicht Gefahr laufen auszutrocknen. Um der starken Sonnenstrahlung zu entgehen, sind viele Schneckenarten im Sommer insbesondere nachts aktiv. Dann lassen sich unter anderem Nacktschnecken wie der prächtig gemusterte Tigerschnegel (*Limax limax*) beobachten.

Sowohl in terrestrischen als auch aquatischen Lebensräumen gibt es Schnecken. Für die im Wasser lebenden Tiere gilt, dass einige Arten marine Habitate mit Salzwasser und andere limnische Lebensräume mit Süßwasser bewohnen.

Die im Süßwasser lebenden Arten sind in allerlei Gewässern heimisch, darunter kleine Gartenteiche, Seen, Bachläufe und Flüsse. Im Süßwasser kommt zum Beispiel die Posthornschnecke (*Planorbarius corneus*) vor, deren Gehäuse sehr charakteristisch geformt ist und an das gleichnamige Blasinstrument erinnert. Marine Schneckenarten leben unter anderem im Watt; ein Beispiel ist die häufig anzutreffende Gemeine Wattschnecke (*Peringia ulvae*). Ferner lohnt es sich, Felsen oder flache Buchten sowie kleine Gezeitentümpel abzusuchen, weil sie in vielen Fällen marine Schnecken beherbergen.

An Land lebende Schnecken finden sich keineswegs nur in der Natur, sondern ebenso im Siedlungsraum. Gemüsebeete und feuchte Steinmauern sind Beispiele für Orte, an denen man nach ihnen Ausschau halten kann. Weil sich einige Schneckenarten unter anderem von Pilzen ernähren, lohnt es sich, in Wäldern nach Pilzstandorten zu suchen – im Herbst fressen die Tiere dort auch am Tage.

Schnecken dokumentieren

Zur Dokumentation oder bei unklarer Bestimmung sind immer mehrere Fotos aus verschiedenen Perspektiven wichtig:

- Mündungsansicht,
- Apikalansicht, also von oben (der Apex ist der dem Betrachter am nächsten liegende Punkt, also die Spitze),
- Basalansicht (Gehäuse gegenüber der Apikalansicht um 180 Grad gedreht, also von unten).

Tipp:

Ein Größenvergleich auf dem Foto oder die Angabe der ungefähren Maße ist äußerst hilfreich. Bei der Dokumentation von Beobachtungen empfiehlt es sich anzugeben, ob es sich um ein lebendes Tier oder um ein leeres Gehäuse gehandelt hat.

Muscheln bestimmen

Die Schale der Muscheln besteht stets aus zwei Klappen. Diese sind durch das elastische Schlossband (Ligament) beweglich miteinander verbunden. Dessen Gegenspieler sind die Schließmuskeln, mit denen sich die Muschel aktiv geschlossen hält. Tote Muscheln sind demnach stets geöffnet. Der dem Ligament benachbarte Klappenrand weist Leisten und Vorsprünge auf, die ineinandergreifen und so eine seitliche Verschiebung der beiden Klappen verhindern.

Weisen die beiden Klappen verschiedene Formen auf, wie bei der Europäischen Auster (*Ostrea edulis*), können sie leicht unterschieden werden. Aber

bei den meisten Arten zeigen die beiden Klappen – zumindest bei flüchtiger Betrachtung – keine wirklichen Unterschiede. Ein Blick auf die Innenseite der Klappen hilft: Liegt das Ligament rechts vom Wirbel, hat man die rechte Klappe vor sich und umgekehrt für die andere Klappe.

Bei Muscheln reicht die Schale zur Bestimmung, das lebende Tier wird hierfür nicht benötigt. Eine schöne Gelegenheit zum Einstieg in die Beschäftigung mit dieser Tiergruppe kann ein Strandspaziergang sein. Dabei findet man eine Fülle von Schalen. Aller Anfang ist aber leider schwer. Oft entdeckt man nur eine der beiden Klappen oder lediglich Bruchstücke. Am besten sucht man so lange, bis man eine eindeutig ansprechen kann. Mit der Zeit wächst die Erfahrung und Formulierungen in Bestimmungsbüchern wie «Schale sehr kräftig» werden verständlicher.

Wichtige Merkmale bei den Muscheln sind Größe und Form der Schale, deren Beschaffenheit und gegebenenfalls Strukturen (Zähne, Riffelung) sowie die Lage des Wirbels. Meist spielt die Farbe keine Rolle, sie ist oft variabel. Das Vorhandensein einer Mantelbucht sowie deren Form und Größe sind wichtige Merkmale.

Muscheln beobachten: Wann und wo?

Da Muscheln nur aquatische Lebensräume besiedeln (limnische und marine), sind lebende Tiere in den meisten Fällen nur zu beobachten, während man taucht. Oder man müsste sie fischen. In kleineren Fließgewässern oder Teichen mag das noch funktionieren, spätestens im Meer würde es aber doch recht aufwendig.

© Gaby Schulemann-Maier

Eine Kugelmuschel (*Sphaericum* spec.) zeigt ihren Fuß.

Wer Zugang zu einem flachen Gewässer hat, in dem Muscheln wie beispielsweise die Gemeine Teichmuschel (*Anodonta anatina*) vorkommen, kann sich mit einem Trick behelfen: Indem ein Glas mit breitem, möglichst regelmäßigem Boden oder ein Plastikeimer mit transparentem Boden ins Wasser gehalten wird, lassen sich Details in dem Gewässer oft gut erkennen, sofern nicht allzu viele Schwebstoffe die Sicht trüben. So ist oft ein Blick auf den Grund möglich, wo sich mitunter Muscheln aufhalten. Werden in Parkanlagen Teiche zu Reinigungszwecken abgelassen, sind ebenfalls Beobachtungen möglich.

Am besten lassen sich viele Muschelarten als lebende Tiere während des Sommerhalbjahrs beobachten, weil die Gewässer dann nicht zugefroren und die Weichtiere aktiv sind.

Muscheln dokumentieren

Als Belegbilder empfehlen sich bei den Muscheln mehrere Ansichten:

- je ein Foto von oben, von unten und von der Seite,
- bei geöffneten Schalen je eines von außen und von innen.

Beim Dokumentieren der Muschelbeobachtungen sollte notiert werden, ob man ein lebendes Exemplar oder nur die leere Schale vor sich hatte.

4.11 Weitere Tiere

Gaby Schulemann-Maier

Auf dem Rasen hüpft eine Amsel (*Turdus merula*) und zerrt mit einem beherzten Ruck einen Regenwurm aus der Familie Lumbricidae aus dem Boden. In der feuchten Laubstreu im Herbstwald fällt uns ein winziger glänzender Springschwanz (Sminthuridae) auf. Oder beim Strandspaziergang an der Nordsee finden wir nach einem Sturm einen unglückseligen Seestern (Asteroidea), der an Land gespült wurde. All dies sind Tiere, denen aufmerksame Naturbegeisterte draußen leicht begegnen können.

Unsere drei Beispiele gehören zu verschiedenen Stämmen innerhalb des Tierreichs. Sie unterscheiden sich in Körperbau und Lebensweise erheblich. Gemeinsam mit zahllosen anderen Organismen fassen wir sie an dieser Stelle als «weitere Tiere» zusammen. Angesichts ihrer Artenfülle können wir bei der Vorstellung dieser Wesen nur an der Oberfläche kratzen. Trotzdem ist es uns wichtig, sie nicht außen vor zu lassen, sind sie doch wesentliche Bestandteile ihrer jeweiligen Ökosysteme.

Gemeiner Seestern (*Asterias rubens*)

Etliche dieser weiteren Tiere werden beim Beobachten wegen ihrer geringen Körpergröße rasch übersehen, obwohl sie uns in großer Zahl umgeben. Jene Lebewesen, die wie etwa die Fische (Pisces) unter Wasser zu Hause sind, sind vielen Menschen kaum geläufig. Wohl die wenigsten von uns gehen zum Naturgucken buchstäblich auf Tauchstation. Immerhin ist eine Reihe von Fischarten zumindest durch das Angeln bekannt.

Gerade weil sie neben oft vergleichsweise leicht zu beobachtenden tierischen «Stars» wie den prächtigen Vögeln (Aves), farbenfrohen Schmetterlingen (Lepidoptera) oder urtümlich wirkenden Reptilien (Reptilia) in so vielen Fällen übersehen werden, lohnt es sich, diese weiteren Tiere gezielt zu beachten. Uns erwarten interessante Entdeckungen und teils sehr spannende «Hintergrundgeschichten», wenn wir uns über den Lebenswandel der einzelnen Arten informieren. Oder wussten Sie beispielsweise, dass Springschwänze mit ihrer Springgabel einen speziellen Körperteil haben, mit dessen Hilfe sie sich in Sekundenbruchteilen aus dem Stand einige Zentimeter weit in die Luft katapultieren können?

Sminthurides-Kugelspringer (*Sminthurides* spec.)

© Edik Dechant

Smaragdgrüner Regenwurm (*Allolobophora smaragdina*)

Bestimmen

Viele der weiteren Tiere, die in Deutschland vorkommen, sind ohne fundierte Kenntnisse bezüglich der jeweiligen Artengruppe nur schwer bis gar nicht zu bestimmen. Allzu oft geht ohne Mikroskop und jahrelanger Erfahrung kaum etwas. Wenn Sie sich damit arrangieren können, Tiere wie beispielsweise Regenwürmer nur auf Familienebene zu bestimmen, sind das beste Voraussetzungen, um an der Beobachtung schwer bestimmbarer Lebewesen Freude zu haben.

In einigen Fällen kann (internationale) Fachliteratur helfen, sofern Sie sich für eine Artengruppe brennend interessieren und vor eventuell nur in englischer Sprache verfügbaren Büchern nicht zurückschrecken. Außerdem helfen viele andere Naturbegeisterte, denen Sie etwa auf NABU-naturgucker.de virtuell begegnen können, gern bei der Bestimmung. Für Funde am Nordseestrand kann die bebilderte Bestimmungshilfe von Beachexplorer.org als erster Einstieg hilfreich sein. Für verschiedene Artengruppen gibt es weitere Internetseiten und -foren, deren Besuch lohnen kann.

Beobachten: Wann und wo?

Abhängig davon, welcher Artengruppe die Lebewesen angehören, lassen sie sich nur zu bestimmten Zeiten des Jahres – häufig sind dies die warmen Monate – oder ganzjährig draußen aufspüren. Manche zeigen sich gar hauptsächlich im Winter wie der zu den Springschwänzen gehörende Schneefloh (*Desoria nivalis*).

Betrachten Sie Ihre Umgebung aufmerksam, können Sie direkt vor der Haustür bereits spannende Funde machen, darunter Strudelwürmer (Turbellaria) in sauberen Bächen, die durchaus im Siedlungsraum liegen können. Eine Lupe wird Ihnen gute Dienste leisten, wenn Sie sehr kleine Tiere im Detail studieren möchten.

Für das Beobachten von Tieren in Teichen und Tümpeln bietet sich an, einen durchsichtigen Behälter mit glattem Boden hineinzuhalten und durch diesen zu blicken. Vielleicht entdecken Sie ja den einen oder anderen Fisch oder winzige Wasserbewohner, wie zum Beispiel den Gemeinen Hüpferling (*Cyclops strenuus*).

Dokumentieren

Um Ihre Funde später anhand von Fotos vielleicht bestimmen zu können, sollte das Bildmaterial möglichst aussagekräftig sein. Da etliche Lebewesen, die wir hier unter «weitere Tiere» zusammenfassen, sehr klein sind, ist eine Kamera mit Makrofunktion und gegebenenfalls externer Lichtquelle zum Beleuchten der winzigen Lebewesen empfehlenswert.

Fertigen Sie Fotos aus unterschiedlichen Perspektiven an, und davon am besten viele. Dadurch steigt die Chance, dass hinsichtlich der jeweiligen Artengruppe ein optimaler Blickwinkel darunter ist, der für eine erfolgreiche Bestimmung essenziell ist.

Steinkrebs (*Austropotamobius torrentium*)

5 Tipps und Werkzeuge zum Bestimmen von Arten

Stefan Munzinger, Gaby Schulemann-Maier

Ganz egal, ob in der heimischen Natur oder während einer Reise – mitunter fallen uns bei einem Spaziergang Tiere, Pflanzen oder Pilze auf, die sich auf Anhieb nicht bestimmen lassen. Belegbilder anzufertigen, ist äußerst hilfreich, um sich später in Ruhe damit beschäftigen zu können. Welche bestimmungsrelevanten Merkmale sie im Idealfall zeigen sollten, wird in den Kapiteln zu den einzelnen Artengruppen erläutert.

Allerdings sind Fotos kein Garant dafür, dass in jedem Fall eine Bestimmung möglich ist. Bei einer Reihe von Arten, darunter manche Pilze und Insekten, sind artgenaue Bestimmungen vor allem per Mikroskopuntersuchung möglich und damit ziemlich kompliziert.

Diese «schwierigen» Lebewesen lassen sich häufig zumindest bis auf Familien- oder Gattungsebene benennen, was keineswegs ein «Versagen» beim Bestimmen darstellt. Naturbegeisterte, die ihre Beobachtungen bei Portalen wie NABU-naturgucker.de melden, sollten sich bewusst sein, dass eine nach Möglichkeit korrekte Bestimmung auf Familien- oder Gattungsebene aus fachlicher Sicht wertvoller ist als eine Fehlbestimmung auf Artniveau. Belegbilder können diese zusätzlich untermauern.

Für das Bestimmen stehen verschiedene Werkzeuge zur Verfügung, die wir im Folgenden kurz vorstellen.

Fachliteratur

Der Büchermarkt bietet eine Fülle von Literatur zu allen erdenklichen Artengruppen in unterschiedlichen Preislagen. Über Vögel finden sich preisgünstige Bücher, die schon ab rund 10 € zu haben sind. Andere Werke, deren Schwerpunkt zum Beispiel auf Moosen, Spinnentieren oder Wildbienen liegt, bewegen sich in einem Preissegment von rund 30 € bis rund 100 €. Zu manchen Artengruppen gibt es (bislang) keine deutsche Fachliteratur, oftmals sind nur englische Bücher verfügbar. Dies gilt insbesondere für Bücher über Arten aus fernen Erdteilen.

Im Hinblick auf Vögel und einige andere Organismen sind Bücher mit Zeichnungen anstelle von Fotos hilfreicher als Werke mit Fotos. Denn Zeichnungen sind abstrahierte Darstellungen der Vertreter der jeweiligen Arten und anders als Fotos nicht von Aspekten wie den Lichtverhältnissen und möglicherweise vorhandenen individuellen Eigenheiten eines einzelnen Exemplars beeinflusst. Aber auch Zeichnungen stoßen an ihre Grenzen. So sind etwa ältere Hummeln durch den Einfluss des Sonnenlichts mitunter so stark ausgeblichen, dass ihre Färbung weder mit Fotos frischer Individuen noch mit abstrahierten Abbildungen in Bestimmungsbüchern übereinstimmt. Manche Schmetterlinge haben dermaßen viele Flügelschuppen eingebüßt, dass ihre arttypische Zeichnung kaum mehr zu erkennen ist.

Weil viele Bestimmungsbücher auf vergleichsweise wenige Abbildungen zu den einzelnen vorgestellten Arten setzen – oft ist es sogar nur ein Foto oder eine Zeichnung –, können Bestimmungsversuche erfolglos bleiben, obwohl qualitativ hochwertige Literatur genutzt wird. Um einen ersten Überblick zu erlangen, sind Bestimmungsbücher trotzdem sehr gute Werkzeuge und gehören zum Rüstzeug interessierter Naturbeobachtender.

Bestimmungsschlüssel

In Büchern, auf verschiedenen Internetseiten sowie in manchen Apps gibt es sogenannte Bestimmungsschlüssel. Durch die Beantwortung aufeinanderfolgender Fragen nähert man sich hierbei mit zunehmendem Verfeinerungsgrad dem Bestimmungsergebnis an.

Für Menschen, die neu in die Naturbeobachtung oder in die Beschäftigung mit einer Artengruppe einsteigen, kann es dabei eine Hürde geben: Eine Reihe von Bestimmungsschlüsseln ist hoch spezialisiert und auf ein relativ kleines Artenspektrum ausgerichtet. Diese Werke sind in erster Linie für jene Interessierten konzipiert, die über einiges an Vorwissen verfügen und die verwendeten Fachbegriffe kennen. Zum Beispiel ist in solchen Bestimmungshelfern von Apothecien[3], Stamina[4] oder gar von der hinteren unteren Ecke des Anepisternums[5] die Rede.

Bevor auf das Aussehen der genannten Bereiche der jeweiligen Organismen gezielt geachtet werden kann, muss zunächst das entsprechende Fachvokabular erlernt werden. Deshalb sind manche Bestimmungsschlüssel ungeachtet ihrer hohen fachlichen Qualität insbesondere für Neulinge ein zu anspruchsvolles Bestimmungshilfsmittel.

3 Apothecium (Plural: Apothecien) = offener, schüssel-, scheiben- oder becherförmiger Fruchtkörper bei Schlauchpilzen (Ascomyceten) und Flechten.

4 Stamen (Plural: Stamina) = Staubblatt, es ist das Sporenblatt der bedecktsamigen Pflanzen.

5 Anepisternum = Teilbereich der Brust von Insekten; zum Rücken gehörender (dorsaler) Teil der Seitenplatte des Brustkorbs.

Züngelnde Ringelnatter (*Natrix natrix*)

Bestimmungs-Apps auf Basis automatischer Bilderkennung

Für Smartphones und Tablets ist eine Vielzahl unterschiedlicher Bestimmungs-Apps verfügbar, teils kostenlos, teils kostenpflichtig. Diese Anwendungen bieten Unterstützung beim Bestimmen von Pflanzen und Tieren mittels Fotos oder von Vögeln anhand ihrer Gesänge.

Typischerweise basieren solche Apps auf Künstlicher Intelligenz, und sie wurden mit einem zur jeweiligen Aufgabenstellung passenden Datenbestand wie Fotos oder Tonaufzeichnungen trainiert. Vereinfacht gesagt lernt eine solche Anwendung dabei, welche Merkmale für die Art x in welcher Ausprägung und Kombination typisch sind und welche Variationen es innerhalb der Art gibt.

Wird diese Anwendung nach dem Training mit einem neuen Datensatz, also einem Bild oder einer Tonaufzeichnung, konfrontiert, analysiert sie diese und vergleicht die gefundenen Merkmale sowie deren Ausprägungen und ihr eventuelles gemeinsames Auftreten mit dem, was sie vorher erlernt hat. In einer Trefferliste zeigt sie Ergebnisse, die so zu verstehen sind: Als erstes wird für gewöhnlich die Art genannt, deren Merkmale die höchste Übereinstimmung mit den Merkmalen der zu bestimmenden Art aufweisen. In absteigender Reihenfolge können weitere Arten in der Trefferliste vorhanden sein.

Der Begriff «Künstliche Intelligenz» verleitet zu der Annahme, dass hier eine Anwendung besonders schlau arbeitet und dabei vielleicht sogar biologische Hintergründe berücksichtigt. Tatsächlich werden aber hauptsächlich Merkmale miteinander verglichen, ohne deren biologischen Hintergrund wirklich zu verstehen. Deshalb kann es zum Beispiel geschehen, dass ein Spaßvogel, der ein Foto einer himmelblauen Kaffeetasse analysieren lässt, in der Trefferliste einen Bläuling (Lycaenidae) oder Eisvogel (*Alcedo atthis*) findet.

© Ulrich Sach

Gewöhnliche Kuhschelle (*Pulsatilla vulgaris*)

Das heißt nicht, dass die Bestimmungsanwendung dumm ist. Sie erkennt vielmehr zuverlässig, dass die Kaffeetasse wegen ihrer himmelblauen Färbung bezüglich dieses Merkmals eine gewisse Ähnlichkeit mit Bläulingen oder Eisvögeln aufweist, die ebenfalls Blauschattierungen an ihrem Körper zeigen. Dass eine Tasse kein Tier ist, spielt hierbei keine Rolle und wird von der Software nicht erkannt.

Entsprechend sollten die Ergebnisse der Trefferlisten gedeutet werden: Die Anwendungen listen Arten auf, die irgendwelche Merkmale mit der zu bestimmenden Art gemein haben – zumindest das analysierte Foto oder die überprüfte Klangdatei betreffend. Dabei muss keineswegs die erstplatzierte Art aus der Trefferliste die richtige sein. Mitunter findet sie sich erst auf einem der folgenden Plätze.

Erklären lässt sich das unter anderem durch ablenkende Details auf dem Foto oder in der Tondatei. Hinsichtlich der automatischen Vogelstimmenerkennung ist es eine große Herausforderung, wenn in der Klangdatei mehr als eine Vogelart zu hören ist. Woher soll die Software wissen, dass wir den in einer zehnsekündigen Datei nur zwei Sekunden lang rufenden Rotmilan (*Milvus milvus*) bestimmen lassen möchten und nicht das die ganze Zeit im Hintergrund zwitschernde Rotkehlchen (*Erithacus rubecula*)? Bei der Bilderkennung können ähnliche Effekte zum Tragen kommen.

Ein weiteres Detail kann zu Fehlbestimmungen führen: Wird mit einer solchen automatisierten Anwendung versucht, eine Art zu bestimmen, die beim Training nicht vorgekommen ist, liefert die Software trotzdem eine Trefferliste. Andere Arten, auf die sie sehr wohl trainiert wurde, können durchaus – wenn auch in geringerem Maße – Ähnlichkeiten zu der zu bestimmenden Art aufweisen.

Beim Verwenden von Bestimmungs-Apps sollte sich jeder Naturbegeisterte dieser komplexen Problematik bewusst sein und die Ergebnisse aus der Trefferliste sicherheitshalber kritisch hinterfragen, anstatt sich blind auf die Ergebnisse zu verlassen. Werden Bestimmungs-Apps mit Bedacht verwendet, sind sie in der Regel sehr gute Helfer, weil die meisten von ihnen in den Bereichen, auf die sie trainiert wurden, durchaus treffsicher sind.

Stammbaum auf NABU-naturgucker.de

Mehrere Millionen Naturbilder wurden bisher auf NABU-naturgucker.de hochgeladen. Hinter dem Menüpunkt «Stammbaum» verbirgt sich eine Darstellung der Fotos und Videos der Tiere, Pflanzen und Pilze, die sich an der taxonomischen Einteilung orientiert. Werden die darin präsentierten Beispielbilder angeklickt, führt dies zur jeweiligen nächsten hierarchischen Ebene. Anhand äußerer Ähnlichkeiten ist so ein Navigieren durch den Stammbaum möglich, ohne selbst über taxonomisches Hintergrundwissen in allen Bereichen zu verfügen.

Folgendes Beispiel skizziert das Vorgehen:
Dieser Vogel wurde auf einer Urlaubsreise in Venezuela beobachtet und soll per Stammbaum bestimmt werden. Dafür klicken wir auf ...

- Stammbaum → Reich: Tiere (1) → Stamm: Chordatiere (2) → Klasse: Vögel (3)

Bis dahin war es noch einfach. Aber selbst wenn wir nicht ganz sicher sind, geht es durch Probieren weiter. Innerhalb des Stammbaumes können wir jederzeit

Rätselvogel: Nacktaugendrossel (*Turdus nudigenis*)

zurücknavigieren und eine andere Option ausprobieren. Das Gute ist, dass wir sogar aus solchen «Bestimmungs-Sackgassen» etwas lernen können.

Weiter zum Ziel gelangen wir im Beispiel so:

- Ordnung: Sperlingsvögel (4) → Familie: Drosseln (5) → Gattung: *Turdus* (6)
- Innerhalb der Übersicht ist nun leicht das hervorstechende Merkmal des breiten gelben Augenrings zu sehen, und die Art ist gefunden: Es ist eine Nacktaugendrossel (*Turdus nudigenis*).

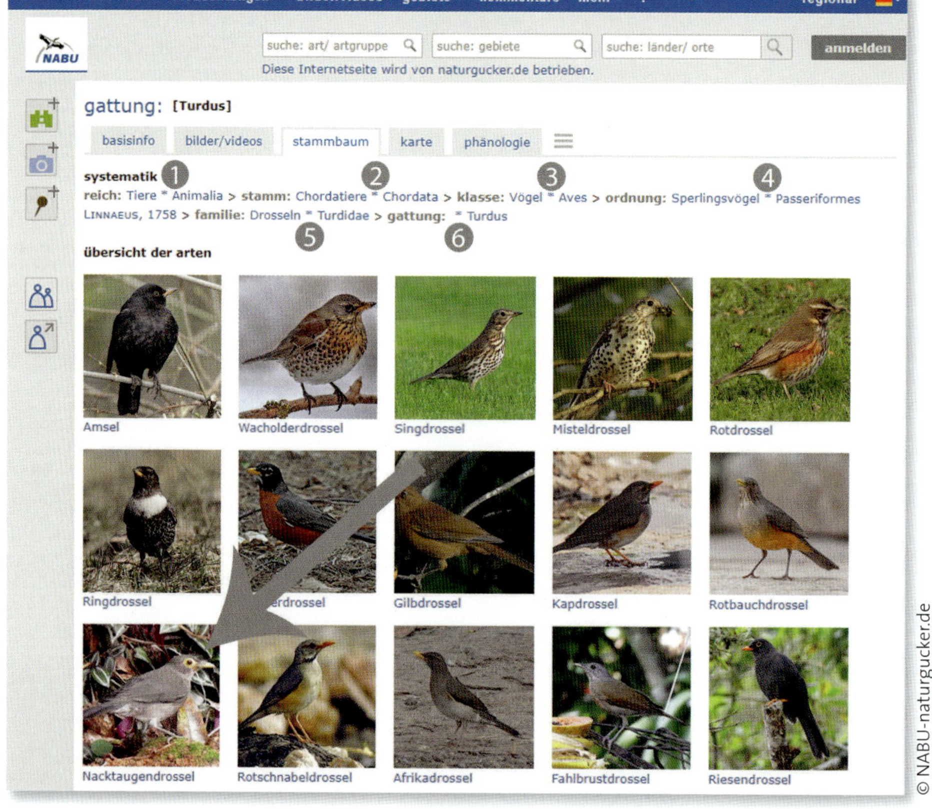

Würden wir gleich zu Beginn erkennen, dass der Körperbau unseres Rätselvogels dem einer Amsel (*Turdus merula*) ähnelt, böte sich eine «Abkürzung» an: Im Suchfeld «art/artgruppe» die Amsel eingeben und in deren Artporträt in der Systematik-Übersicht auf die Gattung *Turdus* klicken, siehe Markierung 6. So lässt sich dieselbe Gattungsübersicht auf sehr kurzem Wege aufrufen.

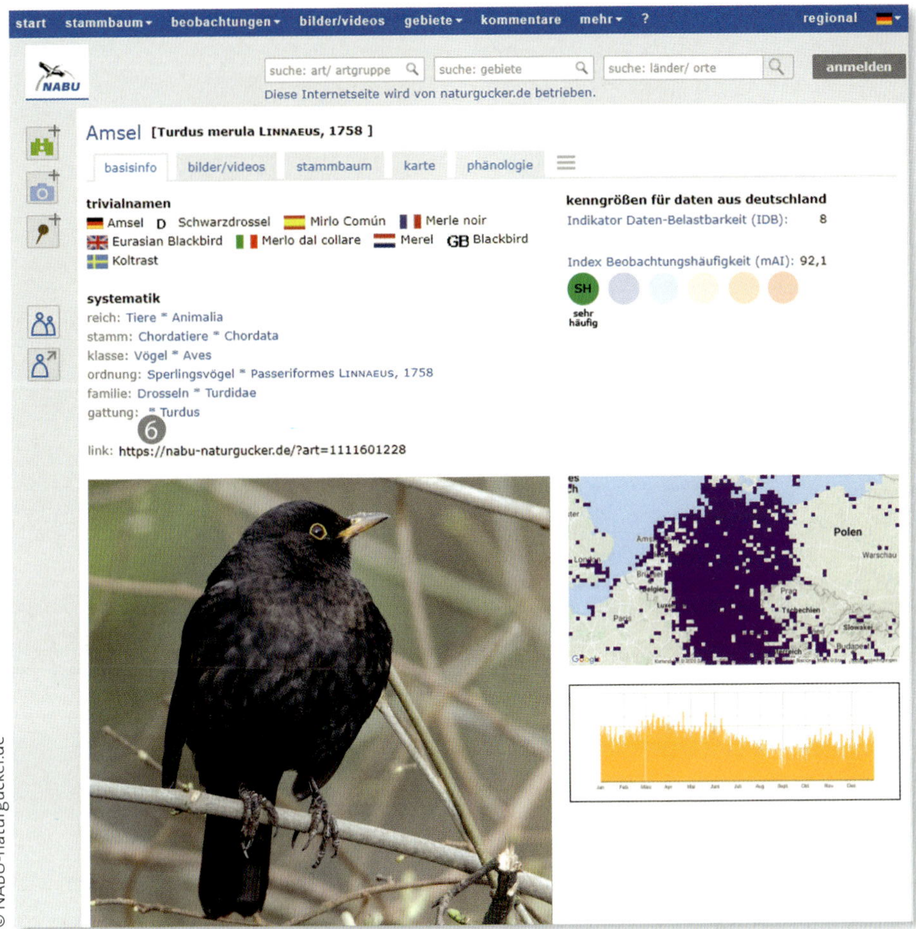

Weil auf NABU-naturgucker.de sämtliche Fotos und Videos öffentlich bereitstehen, können alle Interessierten diese Bestimmungsmethode nutzen.

Bestimmen anhand von Bildern mit Filterfunktionen von NABU-naturgucker.de

Mit gezieltem Einsatz der Filterfunktionen der Seite kann es gelingen, unter den vielen verfügbaren Aufnahmen die «Nadel im Heuhaufen» zu finden und eine Art zu bestimmen, wie das folgende Beispiel zeigt.

Rätselinsekt: Trauer-Rosenkäfer (*Oxythyrea funesta*)

Am 19. Juli 2020 wurden diese Käfer in Deutschland beobachtet. Auf NABU-naturgucker.de rufen wir über das Hauptmenü zunächst «bilder/videos» auf und wählen die Option «daten filtern». Sinnvolle Einstellungen sind in diesem Fall:

- Art/Artgruppe: Käfer (1)
- Zeitspanne: Juli (alternativ das exakte Tagesdatum bzw. ein beliebiges Intervall um diesen Termin herum) (2)
- Geografie: Deutschland (3).

In der Bilderübersicht finden wir daraufhin ein Foto eines Käfers, der demjenigen auf unserem Foto sehr ähnlich ist. Damit sind wir dem Trauer-Rosenkäfer (*Oxythyrea funesta*) auf der Spur. Übrigens lassen sich nicht nur Bilder und Videos so filtern, sondern genauso die auf NABU-naturgucker.de gemeldeten Beobachtungsdaten.

Um die Filter auf NABU-naturgucker.de auf bereits vorliegende Fotos und Beobachtungen anwenden zu können, ist keine Registrierung erforderlich.

Bestimmen anhand der Daten und Fotos aus Gebieten auf NABU-naturgucker.de

Etliche Gebiete werden von relativ vielen Naturbegeisterten besucht, die auf NABU-naturgucker.de ihre Sichtungen melden sowie Fotos und Videos hochladen. Diese Daten können sich als hilfreich bei der Bestimmung erweisen.

Aufrufen lassen sie sich, indem über die Suche unter «gebiet» zunächst das gewünschte Beobachtungsgebiet angesteuert wird. In dessen Porträt gibt es die Registerkarten «bilder/videos», «beobachtungen» und «artenliste». Innerhalb dieser Datensammlungen aus dem Gebiet lässt sich nun stöbern. Möglicherweise hat ja jemand anderes dort ebenfalls die Art beobachtet, die wir bestimmen möchten.

Die Option, Bestimmungen auf diesem Wege durchzuführen, steht allen Interessierten offen; eine Registrierung bei NABU-naturgucker.de ist dafür nicht vonnöten.

Faltererkennungshilfe auf NABU-naturgucker.de

Die Desktop-Version von NABU-naturgucker.de bietet für die 100 in Deutschland am häufigsten beobachteten tagaktiven Schmetterlingsarten eine automatische Erkennungshilfe. Sie basiert auf Künstlicher Intelligenz und analysiert in Deutschland fotografierte Schmetterlingsfotos. Hierbei sucht die Anwendung nach Ähnlichkeiten mit jenen 100 Arten, auf die sie trainiert worden ist.

In der Ergebnisübersicht präsentiert sie bis zu fünf Arten, bei denen sie Ähnlichkeiten feststellen konnte. Oftmals ist eine Bestimmung basierend auf dieser Ergebnisliste leicht, sofern es sich um eine jener 100 Arten oder zumindest eine mit diesen nahe verwandten Spezies handelt.

Aufrufen lässt sich die Erkennungshilfe per Klick auf die Schaltfläche «artvorschläge» im rechten Teil der Detailansicht eines Bildes, siehe Markierung 1.

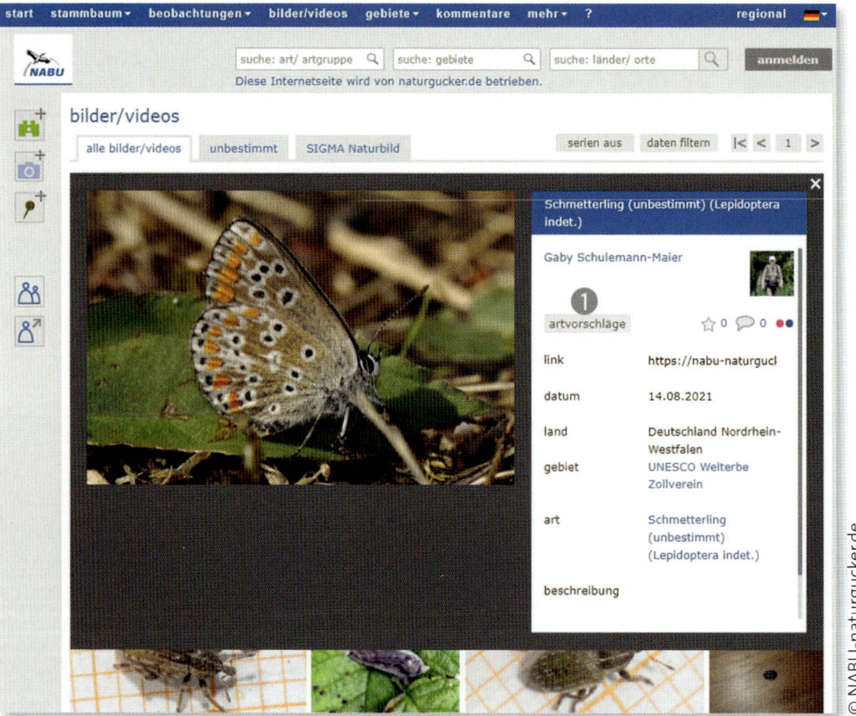

Weil für die Nutzung der Erkennungshilfe Fotos hochgeladen werden müssen, ist zuvor eine Registrierung bei NABU-naturgucker.de erforderlich. Eine ausführliche Funktionsbeschreibung und Tipps zur Bedienung finden sich unter https://naturgucker.info/falter-erkennungshilfe/.

Insektenerkennungshilfe auf NABU-naturgucker.de

Für die Mitmach-Aktion «NABU Insektensommer», siehe S. 30, wurde eine automatische Erkennungshilfe für Insekten entwickelt. Sie basiert auf der Technologie von Excire und wurde mit mehr als einer halben Million Fotos speziell auf Insekten trainiert. Bei ihrem ersten Einsatz im Jahr 2021 konnte sie bereits 19 der 27 in Deutschland vertretenen Insektenordnungen erkennen und deckte damit über 98 % der Arten ab, die am häufigsten via NABU-naturgucker.de gemeldet werden.

Im ersten Schritt wird ein Bild hochgeladen, in Schritt 2 das eigentliche Motiv mittig eingestellt, und es wird die Insektengruppe angefragt. Nun ist die automatische Bilderkennung bereits aktiv geworden, und der Bildschirm zeigt Insektengruppen (Ordnungen) an, zum Beispiel Schmetterlinge (Lepidoptera) oder Zweiflügler/Fliegen (Diptera). Hieraus wird im dritten Schritt gewählt, und im Anschluss zeigt die Anwendung entweder Familien, aus denen erneut gewählt werden kann, oder sie gibt direkt eine Vorschlagsliste mit Arten aus, falls dies im jeweiligen Fall möglich ist. Oft wird zudem ein Verweis auf den Stammbaum von NABU-naturgucker.de zur weiteren Recherche gegeben.

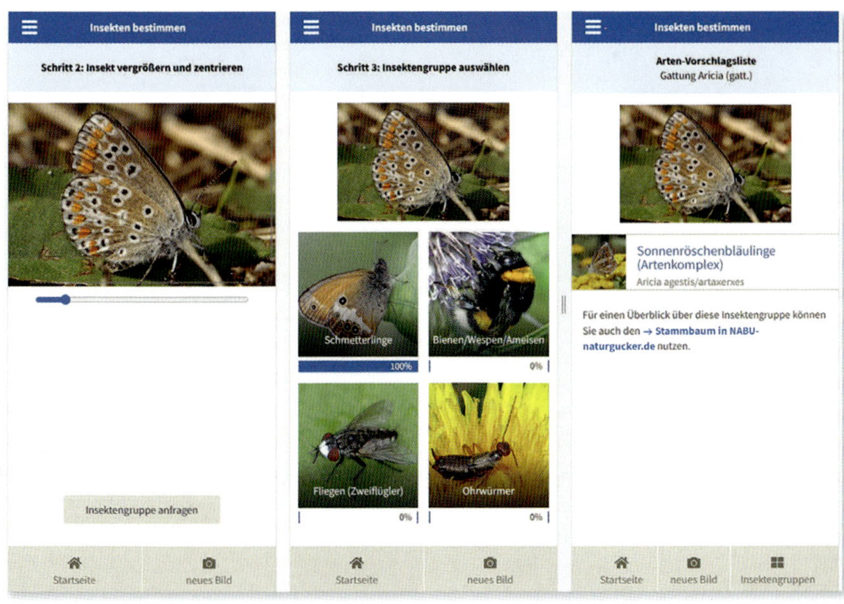

Dank dieses Vorgehens erhalten die Naturinteressierten Einblicke in die einzelnen Aktionsschritte, die die Anwendung durchführt. Vom Groben zum Feinen nähert man sich so über die Ordnung und Familie der Art an. Das hilft dabei, die Verwandtschaftsverhältnisse der Insekten besser zu verstehen.

Diese Erkennungshilfe ist das gesamte Jahr über kostenlos nutzbar. Sie lässt sich mit sämtlichen Geräten von Smartphones über Tablets bis hin zu Desktop-Computern aufrufen: https://nabu-naturgucker.de/app/Insektensommer.

Bestimmungshilfe auf NABU-naturgucker.de

Führt die eigene Recherche nicht zum Ziel oder hat man keine Idee, wo man überhaupt mit der Suche beginnen sollte, könnte die Funktion «bestimmungshilfe erwünscht» von Nutzen sein. Hierfür lädt man sein Foto der zu bestimmenden Art hoch und setzt im unteren Teil des Fensters das entsprechende Häkchen. Andere Aktive und Mitglieder des Fachbeirates erfahren so, dass Hilfe benötigt wird.

Sofern jemand bei der Bestimmung helfen kann, meldet sich diese Person für gewöhnlich entweder mittels der Kommentarfunktion oder per systeminterner E-Mail. Beide Funktionen stehen nur nach einer Registrierung auf NABU-naturgucker.de zur Verfügung.

NaturApps von NABU-naturgucker.de

Ergänzend zu NABU-naturgucker.de gibt es einige größtenteils kostenlose NaturApps zu verschiedenen Artengruppen. Diese Apps beinhalten neben dem Feldbuch zum Melden von Naturbeobachtungen weltweit zumeist ausgewählte Artporträts, Hintergrundinformationen und oftmals ergänzende Bestimmungsschlüssel (sogenannte Multikriterienschlüssel).

Letztere erlauben auf Basis kleiner Symbolbilder mit typischen Merkmalen das Bestimmen von Pflanzen-, Pilz- und Tierarten, je nach NaturApp. Abhängig von der Anzahl der ausgewählten Merkmale, finden sich in der Ergebnisliste der App mehr oder weniger Arten, aus denen man durch Bildvergleiche das Passende auswählen kann. Automatische Bilderkennungen umfassen die NaturApps von NABU-naturgucker.de derzeit nicht (Stand: Sommer 2022).

6 Naturbeobachtungen und Bestimmungen plausibilisieren

Stefan Munzinger, Gaby Schulemann-Maier

Zehntausende Beobachtende haben auf NABU-naturgucker.de bereits viele Millionen Datensätze zusammengetragen – die Plattform umfasst eine der größten Sammlungen aktueller naturkundlicher Daten in Deutschland. Weitere Portale halten ebenfalls stattliche Mengen an Naturbeobachtungsdaten bereit, oft von ehrenamtlich arbeitenden Naturbegeisterten erfasst und mehrheitlich auf selbst durchgeführten Bestimmungen basierend.

Skeptiker der Bürgerwissenschaften fragen sich: Sind diese von nicht hauptberuflich in der Forschung Beschäftigten gewonnenen Beobachtungsdaten überhaupt nutzbar und sinnvoll auswertbar? Kann man diesen Laien tatsächlich zutrauen, bei der Bestimmung von Arten mit ausreichender Sorgfalt zu arbeiten und korrekte Ergebnisse zu erzielen? Das führt aus unserer Sicht unweigerlich zur Gegenfrage: Ist diese Skepsis tatsächlich begründet? Es lohnt sich, dieses Thema genauer zu durchdenken.

Um Daten für Forschungs- und Naturschutzvorhaben einsetzen zu können, sollten sie gewissen Qualitätsstandards genügen. Datenqualität kann jedoch kein absoluter Wert sein. Vielmehr ergibt sie sich zu einem großen Teil erst aus dem Zusammenhang der beabsichtigten Datenverwendung. Wer ohne Kenntnis darüber, für welche Vorhaben Daten im Einzelnen genutzt werden sollen, pauschal von wissenschaftlichen oder unwissenschaftlichen Daten spricht, argumentiert selbst unwissenschaftlich.

Bestimmungen kritisch hinterfragen

Sei es das eigene Rechercheergebnis, der Vorschlag einer automatischen Bilderkennungs-Anwendung oder sei es ein Tipp, den ein anderer naturbegeisterter Mensch gegeben hat – es kann nie schaden, die Bestimmungen noch einmal kritisch zu hinterfragen. Das gilt umso mehr für Arten, mit denen man bislang wenig Erfahrung hat. Überdies ist es legitim und sogar erwünscht, die Beobachtungsdaten anderer Aktiver auf NABU-naturgucker.de mit prüfendem Blick zu betrachten. Von den mehr als 1,1 Millionen Kommentaren beschäftigt sich gut ein Drittel mit der Bestimmung von Arten (Stand: Februar 2022).

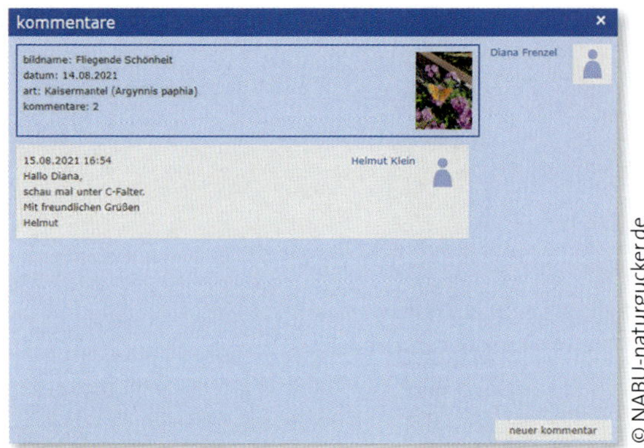

Folgende Fragestellungen gehören in diesem Zusammenhang zu den wichtigsten:

- Liegt der Beobachtungsort grundsätzlich im bekannten Verbreitungsgebiet einer Art?
- Ist die Art in dem Lebensraum zu erwarten, in dem die Beobachtung stattgefunden hat?
- Fand eine Beobachtung zu einer Zeit statt, in der die Art tatsächlich zu erwarten ist?

Hierbei gehören die Fragen 1 und 2 auf den ersten Blick zusammen, weil sie sich auf das räumliche Vorkommen einer Art beziehen. Frage 2 ist aber eine Präzisierung von Frage 1, weil innerhalb eines großen Verbreitungsgebiets unterschiedliche Lebensräume liegen. Nicht alle sind für jede erdenkliche Art als natürliche Umgebung geeignet. So erstreckt sich beispielsweise das Verbreitungsgebiet des Europäischen Bibers (*Castor fiber*) über weite Teile Europas – den Norden Deutschlands eingeschlossen. Trotzdem gehört die nordfriesische Wattenmeerküste eher nicht zu seinen typischen Lebensräumen.

In der Desktop-Seitenversion von NABU-naturgucker.de gibt es in den Artporträts die Möglichkeit, die bisher gemeldeten Beobachtungen zu den einzelnen Arten per Klick auf den Menüeintrag «karte» in einer Landkartendarstellung anzeigen zu lassen. Violette Bereiche stehen für Gebiete, in denen bereits Sichtungen stattgefunden haben, die von Aktiven auf NABU-naturgucker.de gemeldet wurden. Indem auf «artverbreitung einblenden» geklickt wird, können weitere Beobachtungsdaten aus anderen Quellen in die Anzeige übernommen werden. Hierdurch ist in vielen Fällen eine Einschätzung möglich, ob eine Artbestimmung mit Blick auf das räumliche Vorkommen der Spezies plausibel erscheint oder eher nicht.

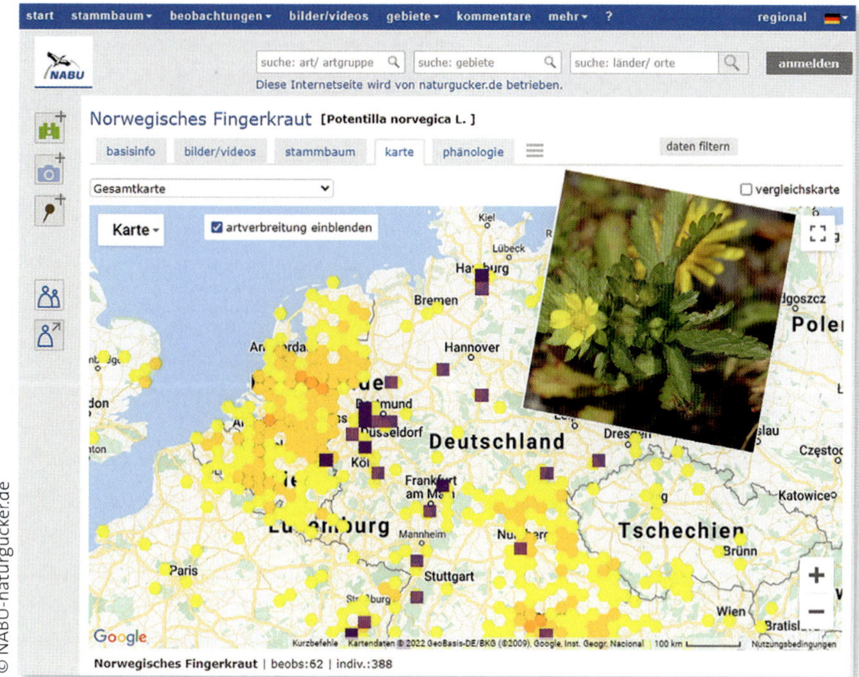

Könnte die bei Nürnberg gesehene Pflanze das Norwegische Fingerkraut gewesen sein? Laut dieser Kartenansicht durchaus!

Das zeitliche Auftreten einer Art zu prüfen und somit Frage 3 zu klären, kann sehr hilfreich sein. Nehmen wir an, wir haben im Januar in Deutschland in weiter Ferne einen etwas größeren, im trüben Licht grau wirkenden Vogel in einem Gebüsch gesehen und fotografiert. Eine automatische Bilderkennungs-Software gibt als wahrscheinliches Ergebnis den Kuckuck (*Cuculus canorus*) an. Eine kurze Recherche verrät uns: Kuckucke aus Mitteleuropa sollten sich während dieser Zeit des Jahres in ihrem Überwinterungsgebiet aufhalten; dieses liegt in Afrika größtenteils südlich des Äquators.

In den auf NABU-naturgucker.de gemeldeten Beobachtungen spiegelt sich dieser Sachverhalt ebenfalls wider. Um sich dies anzeigen zu lassen, reicht im Artporträt ein Klick auf den Menüeintrag «phänologie». Wichtig ist dabei, auf den Bezugsrahmen zu achten, also dass mittels der Filter tatsächlich das jeweilige Land eingestellt wurde. Für in Deutschland vorkommende Arten ist in der Regel Deutschland voreingestellt – so auch beim Kuckuck aus unserem Beispiel. Anhand der Grafiken (Phänologiediagramme), die in den Artporträts angezeigt werden, lässt sich der zu überprüfende Beobachtungstermin mit den Zeiten anderer Sichtungen abgleichen.

Bei solchen Überprüfungen wird es stets Fälle geben, in denen man sich im Grenzbereich bewegt. Hätte die fiktive Vogelbeobachtung am 15. März stattgefunden, könnte es sich durchaus um einen sehr früh zurückgekehrten Kuckuck gehandelt haben. Oder wir vermuten, eine Libelle mitten in der Stadt an einem Gartenteich gesehen zu haben, die zu einer eigentlich auf Hochmoore spezialisierten Art gehört. Sie mag zwar auf den ersten Blick wenig plausibel wirken, doch unter Umständen ist die Bestimmung trotzdem korrekt. Wir könnten einem Individuum begegnet sein, das weit gewandert ist, um nach einem neuen Lebensraum zu suchen, und lediglich einen Zwischenstopp eingelegt hat.

Wichtig ist, beim Plausibilisieren von Artbestimmungen grundsätzlich zu bedenken: Etwas, das als unwahrscheinlich gilt, ist nicht zwingend unmöglich. Ein definitives umfassendes Urteil ist deshalb zumeist nicht möglich. Zudem kann es ratsam sein, auf Unsicherheiten hinzuweisen. Auf NABU-naturgucker.de können Angaben zu entsprechenden Beobachtungen als unsicher gekennzeichnet werden. Damit werden Bestimmungsergebnisse nicht verworfen, und die originale Datensammlung bleibt unverändert. Doch es wird für alle anderen Interessierten sichtbar angezeigt, dass gewisse Zweifel bestehen. Möchte jemand für eine wissenschaftliche Auswertung lieber nur «sichere» Daten verwenden, ist es ein Leichtes, die als unsicher gekennzeichneten Bestimmungen herauszufiltern und die entsprechenden Daten bei der weiteren Verarbeitung außen vor zu lassen.

In die Qualität von Daten fließen neben der korrekten Bestimmung außerdem zahlreiche weitere Kriterien ein, die dem eigentlichen Bestimmungsvorgang nachgelagert sind. Grundsätzlich lassen sich dabei drei Wirkungsbereiche abgrenzen, die während unterschiedlicher Zeitpunkte zum Tragen kommen: vor, während und nach der Erfassung der Daten.

Vor der Erfassung

Enorm wichtig ist die Datenstruktur. Je detaillierter und strukturierter Beobachtungsdaten erfasst werden, desto vielfältiger lassen sie sich später auswerten. Und je mehr Informationen als reiner Text (= unstrukturiert) notiert werden, desto schwieriger wird eine computergestützte Auswertung der darin enthaltenen Detailangaben.

Es macht zum Beispiel einen gravierenden Unterschied, wie die Beobachtung eines singenden Hausrotschwanzes dokumentiert wird:

- Handschriftlich auf einem Notizblock

Oder in einem strukturierten Formular, beispielsweise in einer NaturApp:

- Datum: 16.07.2021
- Ort: 51°25'58.37", 7° 1'46.17"E
- Art: Hausrotschwanz
- Anzahl: 1
- Geschlecht: männlich
- Alter: adult
- Beobachtungsdetails: singend

Solche Angaben können durch Exkursionsinformationen wie Uhrzeit, Temperatur, Bewölkung, Windstärke und -richtung sinnvoll ergänzt werden.

Obwohl beide Beobachtungsdatensätze im Kern dieselben Informationen enthalten, lassen sich mit der zweiten Variante deutlich mehr Auswertungen und vor allem computergestützte Analysen durchführen als mit der ersten. Es empfiehlt sich deshalb, vorab eine möglichst gut automatisiert auswertbare Grundstruktur für die Datensammlung festzulegen. Letztendlich erfahren wir nur so mehr über die Natur und ihre Zusammenhänge, denn Hunderttausende Datensätze manuell auszuwerten, ist schlicht unmöglich – erst recht, wenn sie zuvor aufwendig digitalisiert werden müssen.

Während der Erfassung

Wer mit anderen Naturbegeisterten zum Beobachten draußen ist, sieht meist mehr als während einer Exkursion ohne Begleitung. Doch die begleitenden Personen können genauso vom Beobachten ablenken, wenn sie selbst kaum naturinteressiert sind und es nicht gutheißen, dass (schon wieder!) etwas ausführlicher betrachtet wird.

Die Blickrichtung, der Fokus der Aufmerksamkeit sowie die Betrachtungsdauer entscheiden ebenso mit darüber, was beobachtet wird. Wer allein unterwegs ist und sich auf Pilze konzentriert, sieht die hoch am Himmel durchziehenden Kleinvögel eher nicht. Ist dagegen eine Gruppe Naturinteressierter gemeinsam draußen, schaut vielleicht zufällig jemand nach oben und sieht sie. Deshalb sind durch eine Gruppe zusammengetragene Beobachtungen in vielen Fällen reichhaltiger.

Alle Daten fließen bei NABU-naturgucker.de in ein großes Sammelsystem ein. So kommen die oben geschilderten Vorteile gemeinsamer Exkursionen sekundär trotzdem zum Tragen, weil die Daten mehrerer einzeln Beobachtender aus einem gemeinsamen Beobachtungsgebiet in der Datenbank zusammengeführt werden. Mögliche Lücken werden aufgefüllt, die Daten ergänzen sich, und es entsteht ein realistisches Gesamtbild. Dabei ist die schiere Datenmenge ein Qualitätskriterium: Viel hilft wirklich viel!

© Norbert Amberg

Den kleinen Sandlaufkäfer haben sie dokumentiert, die über ihnen fliegenden Vögel blieben unbemerkt.

Nach der Erfassung

Es ist sinnvoll, dass nach der Erfassung mindestens eine andere Person die Daten kritisch betrachtet. Dabei fallen beispielsweise Erfassungsfehler auf, also etwa dass sich jemand beim Eingeben vertippt hat. So wird bei einer Autovervollständigung aus «Dohle» leicht mal «Dohlen-Grackel». Ungewöhnliche Anzahlen oder tatsächliche Fehlbestimmungen lassen sich im Allgemeinen ebenfalls entdecken. Da im Internet verfügbare Datensammlungen wie die von NABU-naturgucker.de jederzeit betrachtet werden können, ist dieser Kontrollprozess zeitlich nicht begrenzt.

Organisieren lässt sich eine solche Plausibilitätsprüfung auf zwei Wegen: Entweder wird ein Kreis aus besonders fachkundig geltenden Personen damit beauftragt – eBird aus den USA setzt beispielsweise über 800 Fachleute zum Prüfen ein –, oder man überträgt diese Prüfung der Gemeinschaft aller Beobachtenden. Dieses Verfahren, ein sogenanntes «open peer review», das mit Erfolg Wikipedia zu einer seriösen Informationsquelle gemacht hat, nutzt beispielsweise NABU-naturgucker.de seit Jahren mit großem Erfolg.

Allerdings gibt es einen generellen Haken: Weil alle Prüfenden selbst nur Menschen sind und sich irren können, wäre es falsch, auf irgendeine Weise geprüfte Daten grundsätzlich für vollkommen richtig und die Prüfenden für unfehlbar zu halten. Wer Naturbeobachtungsdaten nutzt, ist deshalb gut beraten, sie vor dem Hintergrund der individuellen Fragestellung selbst kritisch zu hinterfragen. Damit dies möglich ist, dürfen vorher zu keiner Zeit und aus keinem Anlass Daten aus der Sammlung gelöscht worden sein.

6.1 Daten als Schatz für den Naturschutz – Naturgucken aus NABU-Sicht

Maik Sommerhage

Millionen von Beobachtungsdaten werden seit vielen Jahren im gesamten Bundesgebiet gesammelt und in Papierform, im eigenen Computer oder in Mailinglisten aufgenommen. Doch wie wird diese Fülle an Informationen zusammengeführt, die für die praktische und strategische Naturschutzarbeit so immens wichtig sein kann? In der Vergangenheit ließen sich diese umfangreichen Datenschätze kaum zusammentragen, was beispielsweise dazu führte, dass zu formulierende Schutzmaßnahmen nicht frühzeitig angegangen werden konnten. Oder es wurden aufgrund der fehlenden Daten in schützenswerten Gebieten Eingriffe vorgenommen, die Schäden verursachten. Dieses Manko hat natugucker.de behoben, da dort alle faunistischen und botanischen Daten eingetragen werden können und so einen umfassenden Überblick ermöglichen.

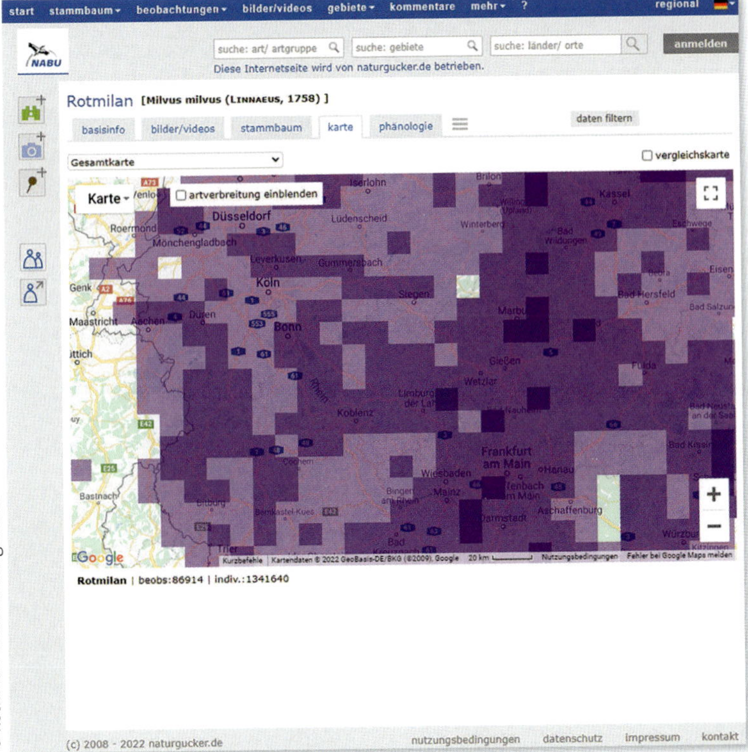

© Rotmilan-Beobachtungskarte

Einige mitgliederstarke NABU-Landesverbände wie Rheinland-Pfalz, Nordrhein-Westfalen und Hessen haben diesen Vorteil erkannt und sich für Kooperationen entschieden; auch der Bundesverband arbeitet eng mit NABU-naturgucker.de zusammen. Der NABU-Landesverband Hessen setzt beispielsweise seit 2009 bei allen Projekten auf NABU-naturgucker.de. Bis zum Jahr 2015 kamen so aus Hessen über eine Million Daten zusammen, darunter zahlreiche Kranichbeobachtungen. Weil so viele Menschen, unter ihnen nicht nur NABU-Mitglieder, ihre Beobachtungen mitteilen, wird jeder über Hessen ziehende Kranich durchschnittlich fünfmal gemeldet. Das ermöglicht exakte Aussagen über die Zugrouten dieser Vögel.

Bei der konkreten Naturschutzarbeit im Zuge von Beteiligungsverfahren lässt sich NABU-naturgucker.de ebenfalls sehr gut nutzen. Mit wenigen Mausklicks kann man die Beobachtungsangaben exportieren, und sie liefern – über Vögel hinaus – alle Daten, die bei Bauvorhaben von Bedeutung sind. Bei der Aufstellung von Raumordnungsplänen zum Beispiel in Hinblick auf den Ausbau der Windenergie können bereits frühzeitig Vorkommen windkraftrelevanter Arten (vor allem Vögel und Fledermäuse) übermittelt werden. Dadurch wird es möglich, schon in einem frühen Planungsstadium auf die Belange des Artenschutzes hinzuweisen.

Abseits der Arbeit im Naturschutz ist es über NABU-naturgucker.de zudem schon mehrfach gelungen, neue Aktive oder NABU-Mitglieder zu gewinnen. Es sind Freundschaften entstanden, und etliche Menschen, die ihre Naturbeobachtungen auf NABU-naturgucker.de melden, konnten für die Belange des Artenschutzes begeistert werden.

7 Lebensraum- und Artenwissen erweitern: die NABU|naturgucker-Akademie

Stefan Munzinger, Gaby Schulemann-Maier

Seit 2021 gibt es die NABU|naturgucker-Akademie. Sie hält unter https://artenwissen.online kostenlos hochwertige Lerninhalte rund um verschiedene Artengruppen und Lebensräume bereit. Daneben bietet sie Tipps und Hintergrundinformationen über das Naturbeobachten wie zum Beispiel umsichtiges Naturgucken. Ferner gibt sie Einblicke in biologisches Grundwissen.

An diesem virtuellen Lernort lassen sich die Aktivitäten zeitlich sowie räumlich flexibel gestalten. Ob vom Sofa aus oder während einer Zugfahrt, ob jeden Abend eine Stunde oder nur am Sonntagnachmittag – wann, wie lange und von wo aus sie lernen, bestimmen die Teilnehmenden selbst.

Das Lernen soll ihnen Freude bereiten. Alle in die Erstellung der Lernmaterialien Involvierten sind selbst Naturbeobachtende, die ihr Wissen gern teilen und ihre Begeisterung weitergeben möchten. Vom Libellenexperten über die Pilzkennerin und den Feldbotaniker bis hin zur Schneckenforscherin reicht die Bandbreite der Engagierten.

Jene Lerninhalte, die sich Artengruppen wie beispielsweise Vögeln, Schmetterlingen oder Pilzen widmen, vermitteln nicht bloß Artenkenntnisse, sondern Artenwissen. Neben den für die Bestimmung entscheidenden Merkmalen werden den Teilnehmenden deshalb immer auch biologische, ökologische und für den Naturschutz wichtige Details nähergebracht.

In den Lernangeboten, die sich mit Lebensräumen wie der Feldflur oder Fließgewässern beschäftigen, wird ein ganzheitlicher Betrachtungswinkel eingenommen. Landschaftliche Besonderheiten und Naturschutzaspekte finden sich dabei genauso auf dem Lehrplan wie Vorstellungen von Charakterarten der einzelnen Lebensräume. Wer neu in die Naturbeobachtung einsteigt, erhält dadurch eine Orientierungsmöglichkeit, mit deren Hilfe sich vielleicht ein spezielles Interessensgebiet finden lässt.

Sämtliche Inhalte sind allgemein verständlich formuliert und multimedial aufbereitet. Vertonte Bildschirmpräsentationen, Videos und Klangbeispiele werden ergänzt durch Elemente wie zum Beispiel interaktive Infografiken. Zum Verfestigen des Gelernten gibt es verschiedene interaktive Übungen, die unter anderem aus Quiz-Elementen und Lückentexten bestehen. Zu mehreren Lerninhalten werden darüber hinaus einmal jährlich Online-Seminare angeboten. Sie bilden die wenigen Präsenzveranstaltungen mit festen Terminen.

Des Weiteren flankieren kostenlose Apps die unterschiedlichen Lernthemen. Mit diesen Apps lassen sich unter anderem bestimmungsrelevante Merkmale kennenlernen, und die eigenen Beobachtungen können gleich draußen erfasst sowie an NABU-naturgucker.de übertragen werden.

Mit einem erfolgreichen Abschluss eines Lernthemas können die Teilnehmenden auf Wunsch einen Nachweis der NABU|naturgucker-Akademie erlangen. Einige Themen sind inhaltlich auf die Zertifikate der BANU-Akademien ausgerichtet. Somit können sie der Vorbereitung für die Zertifikatsprüfungen dienen.

Im Rahmen des Bundesprogramms Biologische Vielfalt bewilligte das Bundesamt für Naturschutz eine finanzielle Förderung des Projektes NABU|naturgucker-Akademie von Ende 2020 bis Ende 2024 mit Mitteln des Bundesministeriums für Umwelt, Naturschutz, nukleare Sicherheit und Verbraucherschutz.

Schwanzmeise (*Aegithalos caudatus*)

8 Schlusswort

In diesem Buch stellen wir Ihnen viele verschiedene Facetten der Naturbeobachtung vor. Daneben gibt es einige weitere sehr spezielle Facetten, zum Beispiel die naturkundliche Erkundung von Höhlen oder das Naturschutztauchen. Wir hoffen, dass Sie Ihr persönliches Hauptinteressengebiet bereits gefunden haben oder vielleicht mithilfe unseres Buches bald finden werden und dadurch die Naturbeobachtung, wie wir, schließlich als enorme Bereicherung Ihres Lebens empfinden.

Wir würden uns freuen, wenn Sie Ihre Naturbilder und -videos sowie Beobachtungsdaten mit anderen teilen, zum Beispiel auf NABU-naturgucker.de. Nicht nur für den Naturschutz und die Forschung ist dies von Nutzen, sondern genauso für Sie. Mit der Zeit entsteht auf NABU-naturgucker.de Ihre persönliche Datensammlung, gewissermaßen ein «Tagebuch» Ihrer Naturexkursionen.

Sie haben außerdem die Möglichkeit, eigene Gebiete anzulegen und darin allgemeine Notizen – etwa zu deren tagesaktuellem Zustand – zu vermerken. Mittels der Filter und Exportfunktion von NABU-naturgucker.de können Sie Ihre Beobachtungsdaten sortieren und herunterladen, etwa um sie statistisch auszuwerten. Des Weiteren ist in Ihrem Profil eine tagesaktuelle Beobachtungsstatistik hinterlegt.

Sich mit Gleichgesinnten zu vernetzen und auszutauschen, ist ebenfalls oft ausgesprochen lohnend und über unsere Seite ein Leichtes. Darüber hinaus bietet NABU-naturgucker.de zahlreiche weitere Möglichkeiten. So können beispielsweise Projektseiten eingerichtet werden, die Sie gemeinsam mit anderen Aktiven betreuen.

Nicht zuletzt können Sie von der «Weisheit der Vielen» oder dem «Schwarmwissen» profitieren, falls Sie Bestimmungshilfe benötigen. Sofern Sie es möchten, können Sie Ihr eigenes Wissen weitergeben und dazu beitragen, andere Menschen (noch mehr) für die Natur und das Beobachten zu begeistern.

Umfassende Hintergrundinformationen über unser soziales Netzwerk für Naturbeobachtende gibt es unter https://www.naturgucker.info. Dort finden Sie auch Kontaktmöglichkeiten, falls Sie dem Betreiberteam der Seite Fragen stellen möchten. Wir freuen uns darauf, Sie auf NABU-naturgucker.de zu treffen und wünschen Ihnen draußen beim Beobachten allzeit freie Sicht!

Stefan Munzinger und Gaby Schulemann-Maier

9 Danksagung

Als Herausgeber bedankt sich NABU-naturgucker.de bei allen Fotograf*innen, die Bilder und Videos auf unserer Seite hochgeladen haben. Noch mehr unseres Dankes gilt all jenen, die unser Buchprojekt mit ihren fantastischen Aufnahmen unterstützt haben.

Außerdem danken wir Ina Siebert und Andrea Vollmer fürs kritische Lesen unseres Manuskripts.

Herausgeber

NABU|naturgucker.de ist das soziale Netzwerk für Naturbegeisterte. Dort können Naturbeobachtungen, Fotos und Videos von Tieren, Pflanzen und Pilzen aus aller Welt veröffentlicht werden.
Internet: https://NABU-naturgucker.de

Autorinnen und Autoren

Kerstin Arnold (Vogelbeobachtungsaktionen des NABU)
Daniela Franzisi (NABU Insektensommer)
Thomas Griesohn-Pflieger (Vögel)
Dominik Heinz (Amphibien, Reptilien)
Peter Karasch (Pilze und Schleimpilze)
Sebastian Kolberg (NABU Batnight)
Cosima Lindemann (Säugetiere)
Dr. Rita Lüder (Pilze und Schleimpilze)
Stefan Munzinger (diverse Hintergrundthemen, Blütenpflanzen, Käfer, Spinnentiere)
Dr. Jürgen Ott (Libellen)
Dieter Schneider (Heuschrecken und Fangschrecken)
Gaby Schulemann-Maier (diverse Hintergrundthemen, Hautflügler, Käfer, Schmetterlinge, Wanzen, weitere Insekten, Moose, Säugetiere, Spinnentiere, weitere Tiere)
Maik Sommerhage (Datenverwendung)
Olaf Strub (Weichtiere)

Kurzporträts der Autor*innen finden sich unter https://naturgucker-praxis.de.

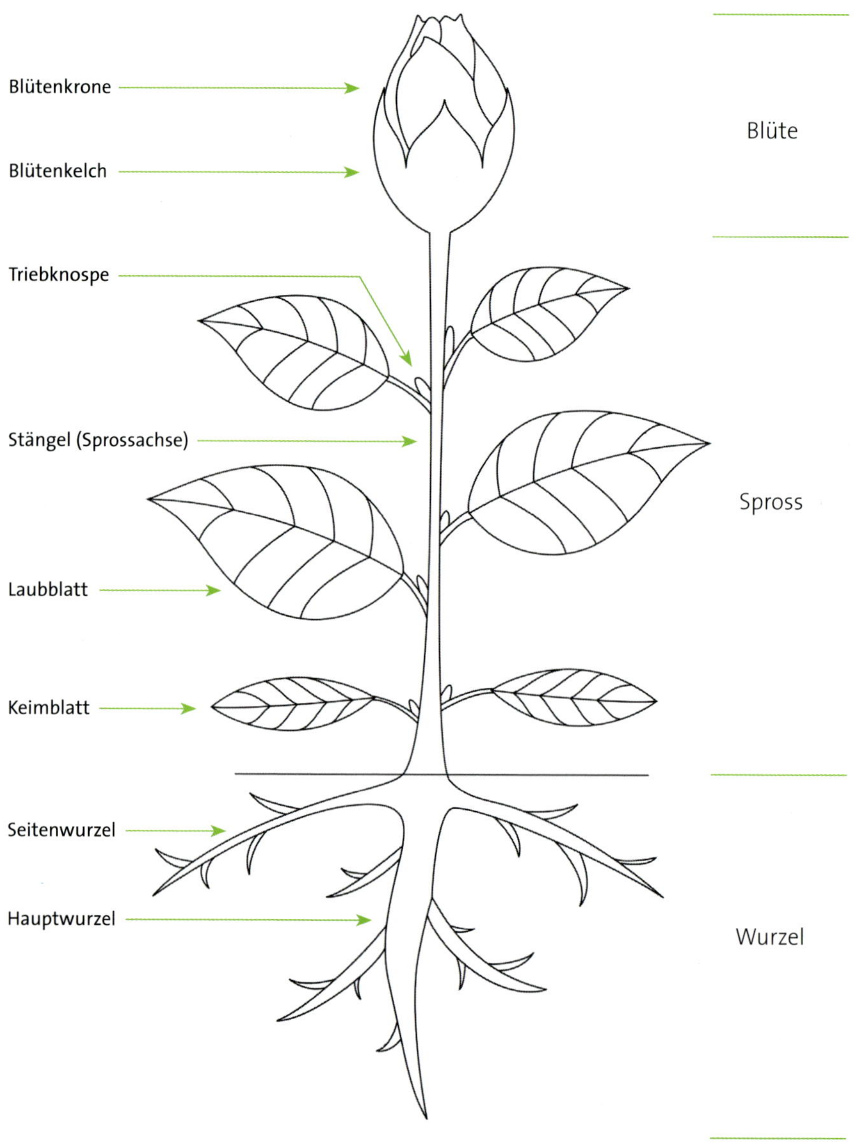
Blütenkrone
Blütenkelch
Triebknospe
Stängel (Sprossachse)
Laubblatt
Keimblatt
Seitenwurzel
Hauptwurzel
Blüte
Spross
Wurzel

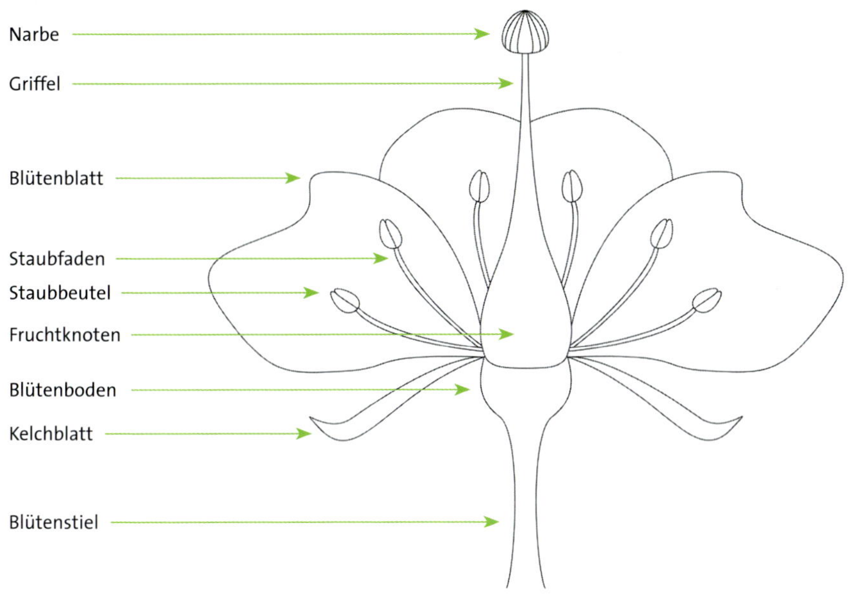
Narbe
Griffel
Blütenblatt
Staubfaden
Staubbeutel
Fruchtknoten
Blütenboden
Kelchblatt
Blütenstiel

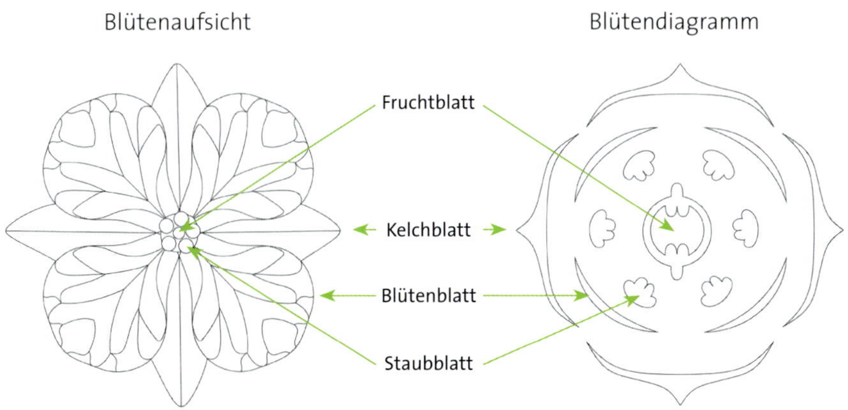
Blütenaufsicht
Blütendiagramm
Fruchtblatt
Kelchblatt
Blütenblatt
Staubblatt

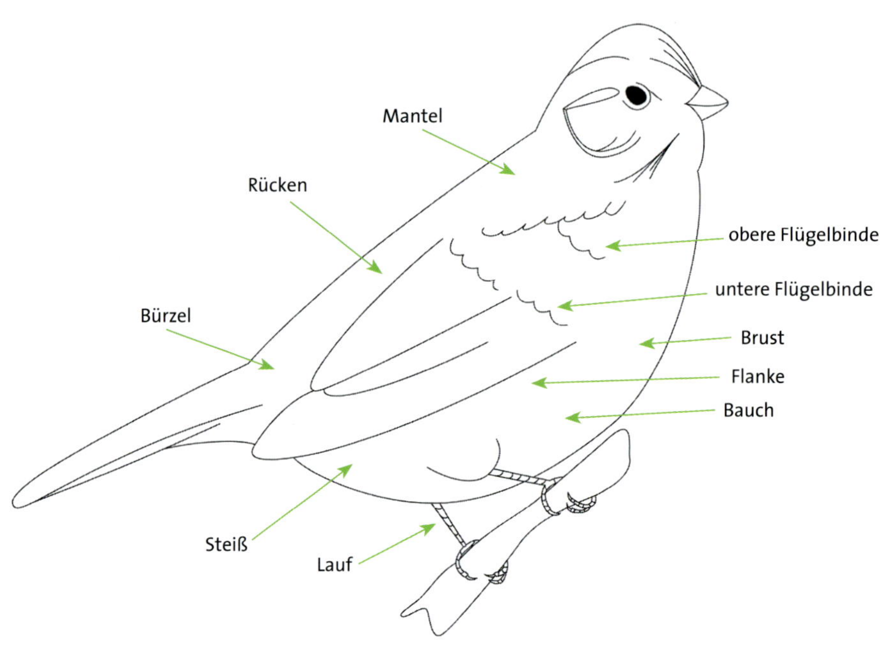
Mantel
Rücken
obere Flügelbinde
untere Flügelbinde
Bürzel
Brust
Flanke
Bauch
Steiß
Lauf

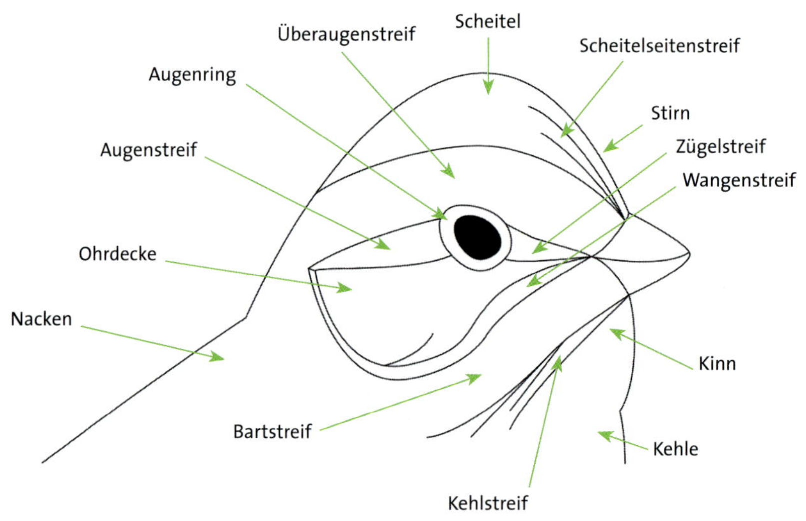
Scheitel
Überaugenstreif
Scheitelseitenstreif
Augenring
Stirn
Augenstreif
Zügelstreif
Wangenstreif
Ohrdecke
Nacken
Kinn
Bartstreif
Kehle
Kehlstreif

Hautflügler (Bienen, Wespen, Ameisen ...)
Typisches Merkmal: 4 häutige Flügel, 6 Beine

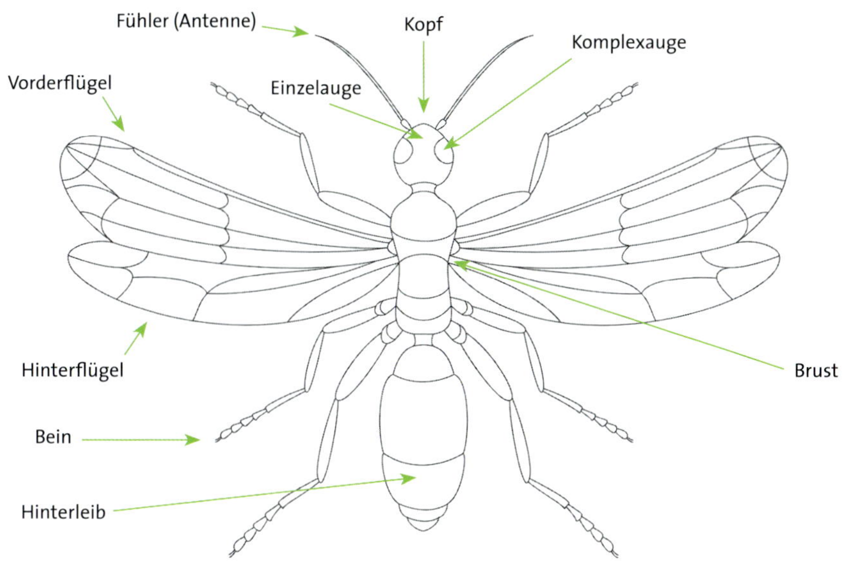

Käfer
Typisches Merkmal: 2 Chitinflügel*, 2 häutige Flügel, 6 Beine

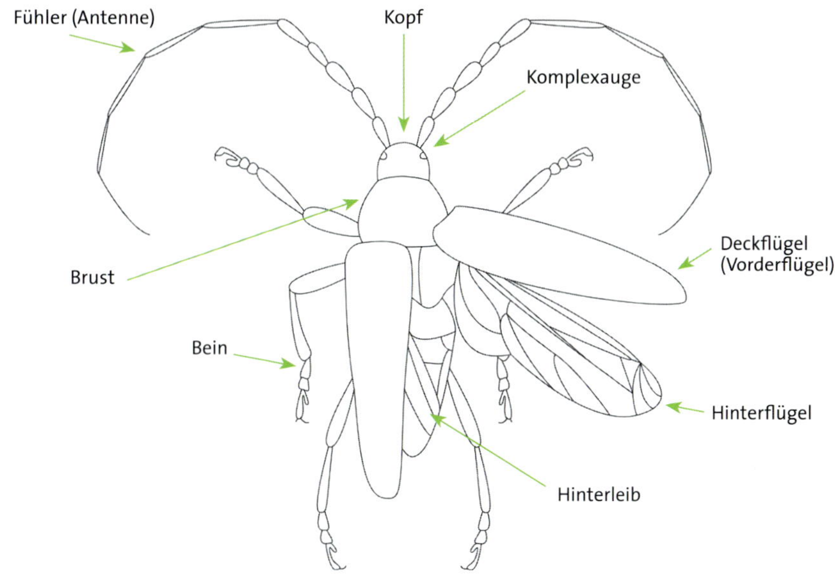

* bei einigen Käferarten sind die Flügel stark reduziert

Zweiflügler (Fliegen, Schnaken ...)

Typisches Merkmal: 2 häutige Flügel, 2 kleine Schwingkölbchen, 6 Beine

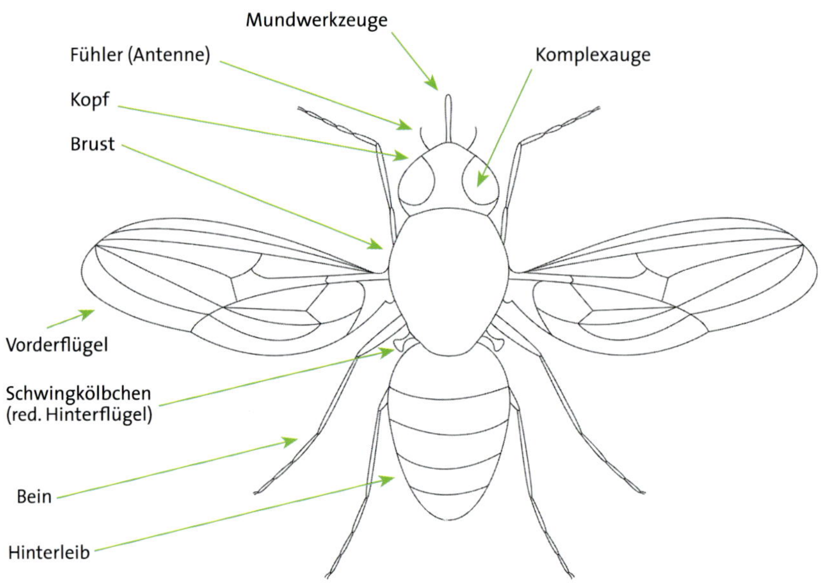

Insektenlarve: Beispiel Schmetterlingsraupe

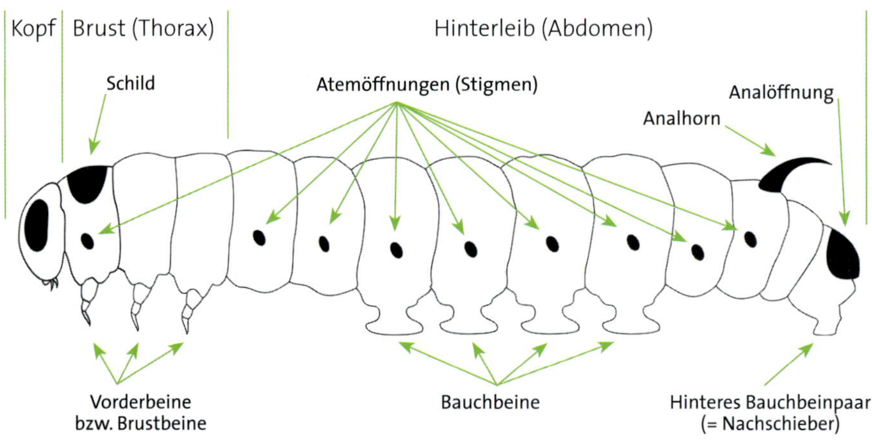

Je nach Art kann das Analhorn fehlen und die Beinanordnung unterschiedlich ausfallen

Beißkiefer

beißend-kauend-schneidend

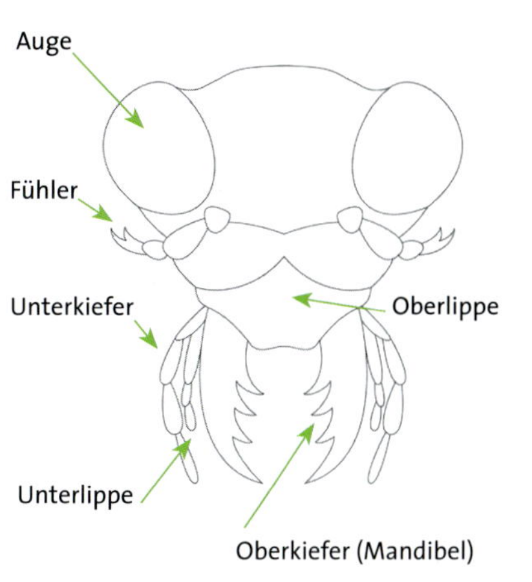

z. B. Käfer, Heuschrecken, Schaben

Leckrüssel

leckend

leckend-beißend

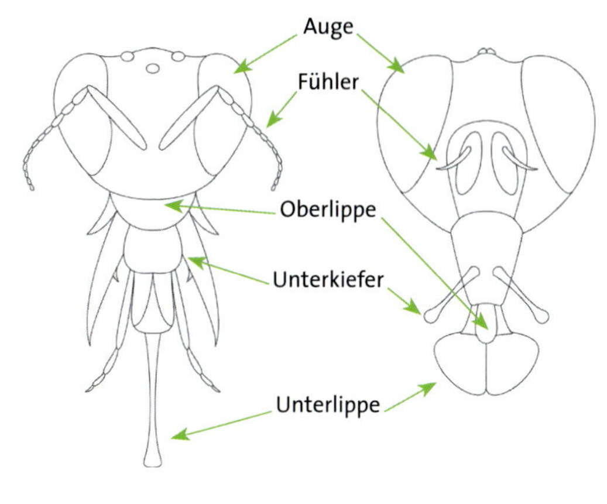

Bienen

Fliegen

Saugrüssel

saugend

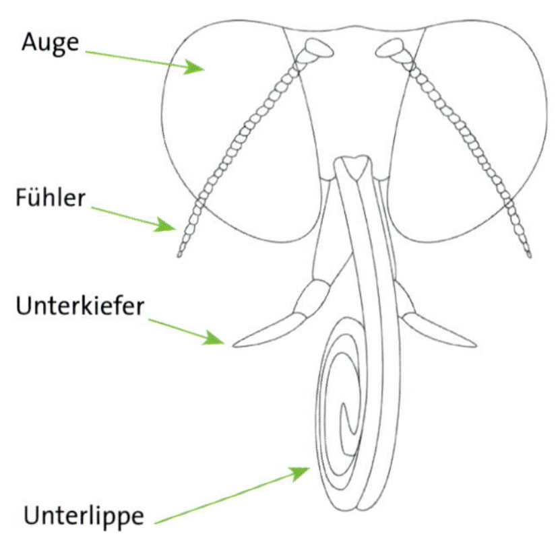

Schmetterlinge

Stechrüssel

stechend

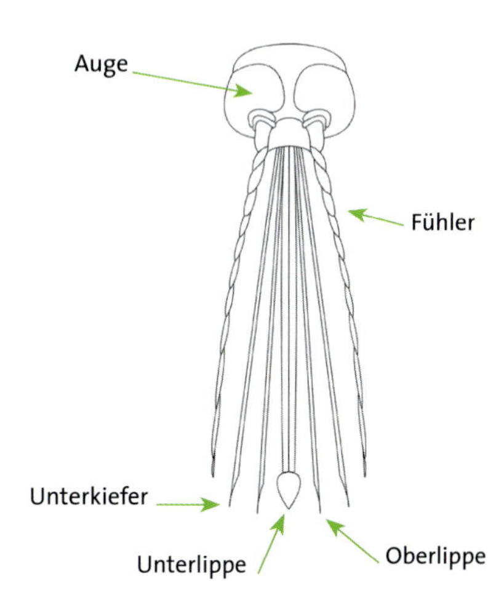

z. B. Mücken

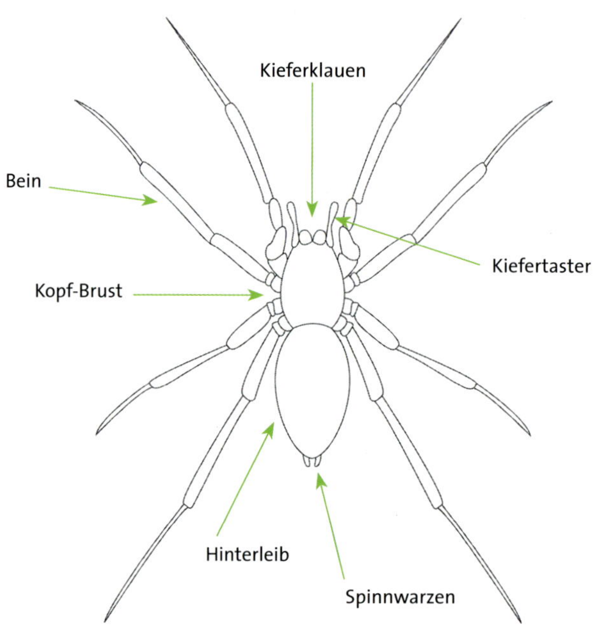
Kieferklauen
Bein
Kiefertaster
Kopf-Brust
Hinterleib
Spinnwarzen